Amedeo Pitzoi

LE SPECTACLE UTILE
L'origine de la vulgarisation scientifique

Copyright © 2023 Amedeo Pitzoi

Tous droits réservés.

Première édition octobre 2022

Table des matières

Introduction 5

1. Le problème de la langue 9

   Cicéron et le grec, 10. – *La science en grec*, 14. – *Du grec à l'arabe...*, 18. – *... De l'arabe au latin*, 22.

2. Un changement de paradigme . . . 27

   La révolution de Copernic, 28. – *Le retard de l'héliocentrisme*, 38. – *L'autorité juge Giordano Bruno*, 40.

3. La première communauté scientifique 45

   L'Accademia dei Lincei, 46. – *Galilée et le langage*, 51. – *Comment Galilée a utilisé l'anamnèse*, 53. – *Galileo aussi condamné*, 58.

4. L'origine de la *peer review*. 61

   L'autorité en France, 62. – *La Royal Society*, 63. – *Le* Journal des Savants, 68. – *Les* Philosophical Transactions, 75.

5. La fin de l'autorité. 81

   La pluralité des mondes, 82. – *Comment on fait des métaphores*, 86. – *Newtonianisme pour les dames*, 92. – *Le livre et le spectacle*, 107.

6. LES ENTREPRENEURS SCIENTIFIQUES . . 119
   L'almanach de Benjamin Franklin, 120. – *Les frères Chambers*, 130. – *Le* Penny Magazine, 142.
7. UNE AUTRE LONGUE RÉVOLUTION . . . 147
   La jeunesse de Darwin, 148. – *Le scandale de l'évolutionnisme*, 153. – *Comment Darwin a eu l'idée*, 162. – *Le débat d'Oxford*, 169. – *L'opinion publique sur Darwin*, 185. – *Qui a écrit* Vestiges *?*, 196.
8. SUCCÈS ET ÉCHECS 203
   Le début d'un éditeur, 204. – *L'origine de* Nature, 207. – *Autres revues scientifiques*, 214. – *Le darwinisme en Europe*, 218. – *Tissandier, aéronaute et éditeur*, 224. – *Treves, le premier éditeur d'une nation*, 231. – *Comment* Nature *a été sauvée*, 238.

CONCLUSION 247
BIBLIOGRAPHIE 257
CRÉDITS POUR LES IMAGES 271

Introduction

Vous allez lire une histoire de l'origine de la vulgarisation scientifique en Europe et de ses méthodes, notamment des années 1600 à la fin des années 1800.

En 500 ans, trois grandes révolutions scientifiques ont eu lieu : celles de Copernic, Newton et Darwin. Les scientifiques et les écrivains ont diffusé ces théories de différentes manières et le public n'a pas toujours accepté ce qu'ils disaient. La science, lors du passage de l'autorité monolithique d'Aristote à la communauté scientifique internationale, a également abandonné le latin au profit des langues nationales, pour s'unir à nouveau en l'anglais.

Mon analyse s'est limitée aux ouvrages publiés en italien, en français et en anglais, sauf quand j'ai pu trouver des traductions d'autres ouvrages, comme des extraits du premier numéro de la revue allemande *Die Natur*. La plupart des œuvres citées ici, vieilles de plusieurs siècles, sont dans le domaine public. Il est donc possible de les rechercher sur le web et de les lire gratuitement dans leur intégralité, certaines même en traduction.

Ceci ne s'agit pas d'un livre d'histoire : j'ai pris des libertés narratives évidentes. Le plus important concerne le débat d'Oxford, dont il n'existe aucune transcription mais que j'ai reconstitué fictivement à partir de deux articles de journaux écrits par les deux participants quelques mois avant l'événement, que j'ai interpolés avec quelques modifications pour en faire un dialogue.

Les événements, à l'exception de ceux qui concernent Benjamin Franklin, se déroulent pour la plupart dans quelques villes d'Europe et du Moyen-Orient que j'ai rassemblées sur une carte (Fig. 1).

Ce livre est une publication indépendante. Si vous le trouvez utile et souhaitez que j'en écrive d'autres, il suffirait de le partager avec quelqu'un d'autre qui pourrait également le trouver intéressant.

Septembre 2021 - mai 2022

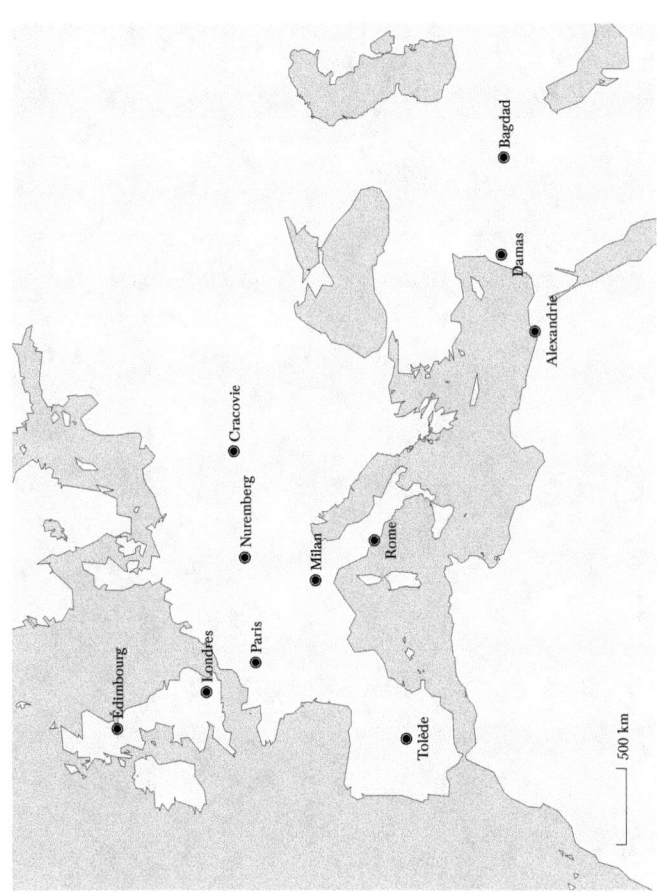

FIGURE 1. Les villes les plus importantes de cette histoire.

1.
Le problème de la langue

Lorsque nous parlons de vulgarisation scientifique, il ne devrait pas sembler étrange que nous nous posions la question de savoir quelle langue utiliser pour la faire, car, même si cela ne semble pas évident pour ceux dont l'anglais est la langue maternelle, la science n'est pas toujours racontée dans la même langue que le public. En effet, elle l'est rarement, puisque les scientifiques utilisent souvent des mots ayant une signification différente, ou ils ont même des mots spécifiques pour ce dont ils parlent, appelés termes techniques, qui doivent être expliqués.

Dans ce chapitre, nous allons parcourir le chemin des connaissances scientifiques qui sont passées de langue en langue, avec le risque d'être mal comprises ou même perdues.

Cicéron et le grec

Dans la Rome antique, celui qui savait maîtriser l'art de parler en public avait une grande influence politique. Cicéron l'avait appris lorsqu'il était jeune, et à l'âge adulte, il a choisi de mettre son talent au service de sa chère démocratie romaine. Au tribunal, Cicéron a dénoncé les crimes de Verrès, qui avait volé de l'argent dans les fonds publics lorsqu'il était gouverneur de Sicile. Au sénat, il a dévoilé le plan de Catilina, un aristocrate déchu qui complotait pour devenir un dictateur. Mais il ne put empêcher l'ascension de Jules César, qui déclencha une guerre civile et réussit à devenir dictateur. Cicéron, un démocrate, n'était plus admis parmi les autres sénateurs.

Il a été écarté de la vie publique, ou *negotium* comme l'appelaient les citoyens romains. Mais Cicéron pouvait toujours mettre en pratique ses talents de rhétoricien dans son *otium*, qui était le temps libre que les gens cultivés passaient à étudier. Pendant ses journées dans sa luxueuse villa du sud de l'Italie, il lisait et écrivait des livres sur la rhétorique, dont il était un expert, et sur la philosophie, qu'il souhaitait apprendre en autodidacte. C'était une manière indirecte de participer à nouveau à la vie publique dont il avait été contraint de se tenir formellement à l'écart.

Après sa défaite politique, il dut faire face à un autre profond malheur. Sa fille Tullia, âgée de 30 ans, s'était mariée, mais elle divorça rapidement et elle retourna dans la maison de son père, enceinte. Là, elle mourut après avoir donné naissance à son fils. D'un seul coup, Cicéron perd une fille et devient grand-père.

Son chagrin dura des mois. Il ne pouvait même pas supporter ses meilleurs amis qui essayaient de le réconforter. La seule chose qu'il pouvait faire était de continuer à étudier, « non pas pour trouver un remède durable, comme il l'a écrit dans une de ses lettres, mais un bref oubli de la douleur. »

Il se donna pour tâche d'écrire un autre livre, et il décida de mettre par écrit tout ce qu'il avait appris sur la philosophie. À cette époque, la langue de la philosophie était le grec, comme aujourd'hui l'anglais est la langue de la science. Mais pas tout le monde à Rome connaissait le grec : seuls les aristocrates comme Cicéron le connaissaient. Il avait l'intention de parler de la philosophie grecque dans sa langue maternelle, le latin ; mais c'était une chose que seul le poète Lucrèce avait tenté avant lui, en traitant la théorie des atomes du philosophe Épicure dans son long poème *De rerum natura* (« La nature des choses »). Mais même lui avait trouvé trop difficile d'encourager d'autres personnes à faire quelque chose de semblable. La difficulté de traiter les découvertes obscures des Grecs ne m'échappe pas, dit le poète, tant à cause de la pauvreté de notre langue que de la nouveauté du sujet. » La raison en est également que Lucrèce a insisté pour ne pas utiliser les termes techniques grecs. Parmi les mots évités figurait *átomos* (ἄτομος), composé du alpha privatif + *tomós*, dérivé du verbe *témno* « couper » ; ainsi « atome » signifie « quelque chose qui ne peut être coupé ». Puisque il s'agissait d'un terme étranger au latin, Lucrèce craignait qu'il ne soit pas compris et recourait à divers autres noms latins pour désigner les atomes, tels que *corpora* « corps » ou *semina* « graines ».

Il y avait aussi des critiques de la philosophie faite en latin, qui ne pensaient pas qu'elle avait beaucoup de sens. Ceux qui ne connaissaient pas le grec, disaient-ils, n'étaient pas tellement intéressés par la philosophie, et ceux qui le faisaient, l'avaient probablement déjà lue en grec.

Néanmoins, Cicéron a terminé son livre, qu'il a intitulé *De finibus bonorum et malorum* (« Les limites du bien et du mal »). Dans l'introduction, il répond à ces doutes : « Au contraire, je pense que les premiers s'intéresseront désormais à la philosophie parce qu'ils pourront enfin la lire dans leur langue ; les autres seront heureux de voir confirmé ce qu'ils savent déjà. »

Le livre est écrit sous la forme d'un dialogue dans lequel Cicéron lui-même apparaît. Dans sa villa, il reçoit des amis, et ensemble ils discutent de cette question : « Quel est le plus grand bien ? »

L'un des invités, Torquatus, est un partisan d'Épicure, un philosophe grec qui prétendait que le plaisir est le plus grand bien.

Alors Cicéron lui demande : « S'il te plaît, définis le plaisir.

— Qui ne sait pas ce qu'est le plaisir ? répond Torquatus, étonné.

— Je dis qu'Epicure ne le sait pas.

— C'est drôle ! Celui qui pense que le plaisir est le plus grand bien ignore ce qu'est le plaisir !?

— Dis-moi : est-ce qu'il y a un plaisir à boire quand on a soif ?

— Bien sûr.

— Est-ce le même plaisir que lorsque la soif est éteinte ?

— Non : le premier est un plaisir croissant, le second est stable.

— Alors pourquoi appelez-vous du même nom deux choses totalement différentes ?

— Y a-t-il un plaisir plus grand que l'absence de douleur, comme le dit Epicure ?

— Tout le monde appelle la sensation agréable des sens *hédoné* en grec (ἡδονή), *voluptas* en latin. Ce n'est pas nous qui ne comprenons pas le sens de ce mot, c'est Épicure qui l'emploie à sa manière, en négligeant la nôtre. »

Et après un long débat, Cicéron conclut : « Ce que personne n'a jamais appelé plaisir, il l'appelle ainsi ; de deux choses distinctes, il en fait une seule. »

Comme on le voit, Cicéron affronte le problème de la langue non pas en évitant, comme Lucrèce, le terme technique grec, mais en le citant puis en fournissant un équivalent latin. Parfois, parce que le mot équivalent manque, il doit en inventer un nouveau : c'est le cas du mot grec *ousía* (οὐσία), dérivé du verbe « être », pour lequel Cicéron invente le mot *essentia* « essence », terme encore utilisé aujourd'hui. Les nouveaux mots de ce genre sont difficiles à trouver, et il faut généralement un inventeur éminent comme Cicéron pour qu'ils soient effectivement utilisés par d'autres ; mais lorsqu'ils le sont, ils peuvent être pratiques.

La science en grec

Après Cicéron, personne d'autre n'a tenté d'écrire la philosophie grecque en latin. Ces deux langues finiront par devenir deux langues scientifiques distinctes dans leurs régions respectives de l'Empire romain : le latin à l'Ouest, le grec à l'Est.

Tous les livres les plus importants écrits en grec ont fini par être rassemblés dans la grande bibliothèque d'Alexandrie en Égypte. Conséquence positive, les scientifiques qui y vivent pouvaient ainsi profiter de toutes ces connaissances stockées en un seul endroit.

Les astronomes, en particulier, ont réalisé des avancées très importantes dans leur domaine.

Dans l'Antiquité, en effet, le seul à avoir décrit en détail la structure de l'univers était Aristote, qui croyait que la Terre était au centre de l'univers et que le Soleil et les autres planètes tournaient autour d'elle. Cependant, il n'a jamais pris la peine d'étayer ce qu'il décrivait par des preuves ou des calculs.

C'est l'astronome Claudius Ptolemy d'Alexandrie qui s'est chargé de cette tâche.

Pendant 15 ans, Ptolémée a observé le ciel la nuit, au crépuscule et à l'aube ; il a pris des notes sur les mouvements des planètes, mesurant leurs distances et dessinant leurs orbites. Son seul instrument était l'œil nu. Au fur et à mesure qu'il avançait dans cette entreprise, Ptolémée ne pouvait que constater que ce que le grand philosophe grec avait écrit était loin d'être parfait.

La planète Mars, par exemple, avait un comportement étrange. La plupart du temps, elle se déplaçait vers l'est, comme on pouvait s'y attendre ; mais parfois, au cours de l'année, elle faisait demi-tour et revenait en arrière, puis elle continuait vers l'ouest pendant quelques semaines, puis inversait à nouveau sa route, reprenant son chemin initial vers l'est.

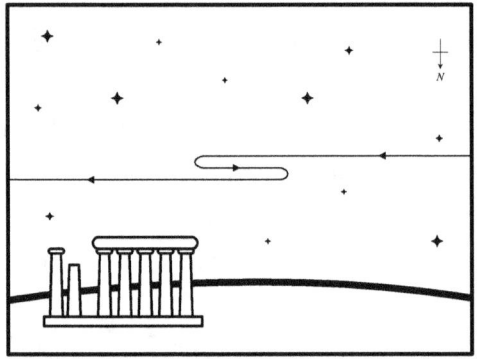

FIGURE 1.1. L'étrange mouvement de la planète Mars.

Cela ne se serait pas produit si Mars avait simplement tourné autour de la Terre en suivant une orbite simple. Ptolémée a dû essayer d'expliquer ce phénomène, ce qui l'a obligé à apporter quelques corrections au schéma rigide imaginé par Aristote. Il découvrit que d'autres astronomes, Apollonius et Hipparque, avaient trouvé une explication à ce phénomène. Selon eux, la planète Mars, tout en tournant autour de la Terre, suivait en même temps une autre route circulaire, une orbite secondaire appelée *épicycle* (en grec « orbite sur une orbite »).

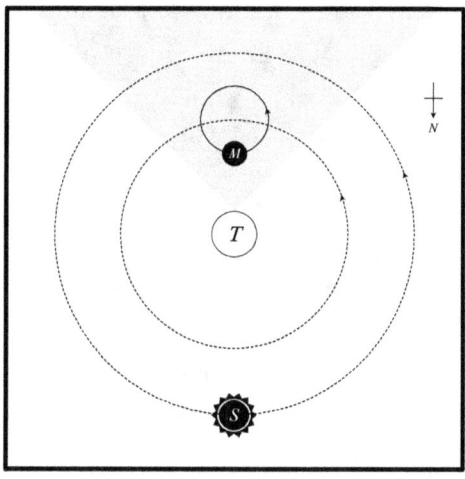

FIGURE 1.2. Un épicycle dans le modèle ptolémaïque.

Comme les épicycles résolvaient le problème, Ptolémée les utilisa pour compléter son modèle.

Ainsi, le mouvement de Mars était expliqué : lorsque la planète était loin de la Terre (dans la partie externe de l'épicycle), elle se déplaçait normalement ; lorsqu'elle était plus proche (dans la partie interne de l'épicycle), elle se déplaçait à reculons.

Ce fut un long travail. Le résultat fut un traité qui traduisait en chiffres et en schémas ce qu'Aristote n'avait décrit qu'en mots quelques siècles auparavant. Le livre de Ptolémée, écrit en grec, s'intitulait simplement *Traité mathématique*, et serait devenu le livre d'astronomie le plus important de l'Antiquité, jusqu'à la fin du Moyen Âge.

Du grec à l'arabe...

Entre-temps, en dehors de l'Égypte, la langue grecque est devenue de moins en moins connue, jusqu'à ce qu'elle soit définitivement oubliée à la chute de l'Empire romain.

Avec la langue, tous les livres écrits en grec tombèrent également dans l'oubli ; même Aristote ne fut pas épargné.

Le seul livre de ce dernier qui ait survécu est un traité de logique intitulé *Organon*, « L'instrument », traduit en latin par le philosophe Boèce.

Dans la traduction de ce livre, le mot « scientifique » apparaît pour la première fois dans l'histoire. Dans la version originale de l'*Organon*, Aristote dit que le but principal de la logique est de « construire la connaissance », ce qui signifie que ses arguments sont solidement assemblés, comme les briques d'un bâtiment. Lorsque Boèce a dû traduire ce passage, il a d'abord utilisé l'expression *facientem scire*, qui signifie en latin « construire la connaissance ». Pour raccourcir la traduction, il a ensuite créé un adjectif : *scientificus* « scientifique », un terme qui n'existait pas en latin classique, formé à partir du mot *scientia* « connaissance » et du suffixe *-ficus*, dérivé du verbe *facere*, qui signifie

« construire ». Ainsi, le mot « scientifique » signifie quelque chose qui construit la connaissance.

Boèce souhaitait traduire tous les autres textes d'Aristote, mais comme il était également impliqué dans la politique, il entra en conflit avec l'empereur Theodoricus, qui l'emprisonna et l'exécuta avant même qu'il ne puisse commencer son projet.

Le latin et le grec seraient restés indéfiniment séparés si une autre langue ne les avait pas rapprochés. Cette langue s'est avérée être l'arabe.

Au Moyen Âge, la langue arabe s'est répandue en Occident en raison de la grande expansion du califat islamique qui s'est produite peu après la chute de l'empire romain. Après la mort de Mahomet, trois califes ont régné sur la communauté musulmane et ses territoires pendant trente ans. Puis, une guerre civile pour la succession éclate entre Ali, cousin du prophète, et Mu'awiyah, chef de l'une des familles musulmanes les plus influentes, les Omeyyades.

Finalement, Ali est assassiné et les Omeyyades montent sur le trône, régnant sur le califat pendant les cent années suivantes. Sous leur règne, ils conquièrent toutes les régions de la côte sud de la Méditerranée qui étaient auparavant sous la protection de Rome, jusqu'à l'Espagne, qui est alors rebaptisée Al Andalus.

Pour gérer l'ensemble de ces territoires, les Omeyyades ont choisi une capitale pour leur empire : Damas, en Syrie.

L'histoire de Damas est l'histoire d'une ville disputée entre l'Orient et l'Occident. Damas est née d'une oasis dans le désert ; Alexandre le Grand l'avait conquise et, depuis, des populations de langue grecque s'y sont installées. Les Romains sont ensuite venus et ont construit un temple à Jupiter, que les chrétiens ont ensuite transformé en cathédrale abritant la relique de Jean-Baptiste. Quand enfin les Omeyyades s'y sont installés, ils ont construit autour de ce temple une mosquée qui est encore utilisée aujourd'hui.

Lorsque les Omeyyades régnaient à Damas, les chrétiens de langue grecque vivaient aux côtés des musulmans. Les érudits perses étaient très intéressés par les textes grecs qu'ils trouvaient, laissés là depuis la domination d'Alexandre. Aussi, pour mieux les comprendre, ils les traduisirent dans leur langue.

Cependant, tout le monde ne pensait pas que l'expansion en Occident n'apportait que du bon. Certains aristocrates musulmans ont remarqué que de nombreux nouveaux citoyens se convertissaient à l'Islam uniquement pour éviter les impôts, et ils ont blâmé les Omeyyades parce qu'ils avaient laissé faire. L'un des chefs, Al Abbas, prétendit que sa famille descendait de celle du Prophète, et les autres familles le proclamèrent nouveau calife. Pour éviter d'être tué dans une autre guerre civile, le dernier calife des Omeyyades a dû fuir loin, à Al Andalus, où sa famille pouvait continuer à régner.

Sous le règne des successeurs d'Al Abbas, les Abbassides, le califat entre dans une nouvelle ère.

Pour se démarquer de leurs prédécesseurs, les Abbassides déplacèrent la capitale de l'empire. Ils voyagèrent de Damas vers l'est et, lorsqu'ils trouvèrent une petite ville appelée Bagdad sur la côte du Tigre, ils décidèrent d'en faire leur résidence. Ils ont d'abord construit trois murs concentriques et circulaires autour de la ville, et ils ont laissé dans les murs quatre portes faisant face aux quatre coins de l'empire. Leur palais se trouvait au centre des murs, et du palais aux portes, quatre routes divisaient la ville en quartiers. Bagdad, désormais renaissante, fut rebaptisée la Ville de la Paix.

Sous le règne des Abbassides, Bagdad a vu sa population et sa richesse augmenter, devenant la ville la plus riche du monde. Mais les califes abbassides voulaient que leur règne soit aussi une puissance culturelle. Ils ont donc fondé, à l'intérieur des murs de Bagdad, une bibliothèque appelée Bayt al Hikma, la « Maison de la sagesse », où ils ont rassemblé tous les livres grecs et persans qui se trouvaient autrefois à Damas.

Les érudits de Bagdad se réunissaient dans la bibliothèque, et ils s'intéressaient beaucoup à toutes ces connaissances. Mais lire les livres n'était pas si pratique, car certains étaient écrits en persan, d'autres en grec. Ils ont commencé à penser qu'ils pourraient les avoir tous dans une seule langue, et ils ont donc commencé à les traduire. Cet effort a duré cent ans, mais les érudits musulmans ont finalement réussi à traduire tous les livres en arabe.

L'un d'eux était le traité de Ptolémée. Désormais écrit en arabe, il a reçu le nom *Almageste*, un mélange de grec et d'arabe qui signifie « le plus grand » (sous-entendu « traité »).

De nombreuses copies de l'*Almageste* se sont répandues des deux côtés du califat, jusqu'à Al Andalus.

... *De l'arabe au latin*

Les Omeyyades renégats régnaient sur Al Andalus depuis trois siècles, mais ils avaient l'habitude de laisser chaque ville de la péninsule être autonome. Les citoyens de Tolède étaient en effet mécontents de payer des impôts au gouvernement musulman, et lorsque finalement le roi chrétien Alphonse IV leur a offert sa protection, ils se sont immédiatement rendus à lui. En fin de compte, le pouvoir des califes allait s'estomper en Espagne.

À Tolède, les cultures chrétienne et islamique se sont à nouveau rencontrées, comme ce fut le cas à Damas. Les musulmans avaient apporté beaucoup de livres arabes de l'autre côté de l'empire, et ils les ont stockés dans la bibliothèque de la ville.

Longtemps après Alphonse IV, son successeur Alphonse X a régné à Tolède. C'était un roi très cultivé qui encourageait les savants de toute l'Europe à venir étudier dans sa ville.

L'un d'eux était l'Italien Gérard de Crémone, qui est venu à Tolède parce qu'il pensait pouvoir y trouver un livre dont il avait besoin. Dans sa ville natale (pas très loin de Milan), Gérard avait étudié tous les livres latins qu'il pouvait trouver. Un jour, il a découvert l'existence d'un livre d'astronomie qui donnait les mesures de l'univers décrit par Aristote. C'était l'*Almageste* de Ptolémée. Gérard le cherche partout, mais comme il ne le trouve pas, il suppose qu'il n'en existe plus de traduction latine. Il avait tort : il en existait déjà une en Sicile, mais Gérard ne pouvait même pas l'imaginer, car la bibliothèque de Tolède était bien plus célèbre. Il s'embarqua donc directement pour l'Espagne.

Une fois à Tolède, il trouve l'*Almageste*. Mais il y a un problème : il est écrit en arabe, comme tous les livres de Tolède. Gérard n'abandonne pas, et il apprend l'arabe juste pour traduire ce texte. Il s'est tellement impliqué qu'il a traduit non seulement ce livre, mais aussi de nombreux autres livres arabes. Il était le traducteur le plus prolifique de l'époque, et après lui, d'autres érudits auraient poursuivi son travail.

En fin de compte, Gérard a finalement achevé une copie latine de l'*Almageste*. Cependant, même s'il avait mis beaucoup de soin dans sa traduction, il n'a pu éviter certaines erreurs dues à la haute technicité du traité. En effet, les chiffres arabes n'étaient pas encore répandus en Europe ; Gérard les avait appris des Maures, les musulmans de l'Ouest, mais le texte arabe qu'il traduisait venait de l'Est. C'est la cause de certaines erreurs d'interprétation. Par exemple, le signe ش (shin) avait la valeur de 60 en Orient, alors qu'en Occident il avait la valeur de 300. Gérard ne pouvait pas imaginer cela, donc dans sa traduction toutes les étoiles qui ont en fait une latitude de 60 ont été déplacées à une latitude de 300. Gérard n'étant pas un astronome, il n'a pas été en mesure de remarquer quelque chose d'étrange dans ces coordonnées. Les erreurs sont donc restées, et les astronomes ont simplement appris à les corriger en faisant leurs observations. Néanmoins, la traduction latine de l'*Almageste* réalisée par Gérard de Crémone était la plus utilisée en Europe au Moyen Âge.

Après tout cela, Alphonse X était très fier du travail qu'il promouvait. En raison de son engagement culturel, on se souviendra de lui comme d'Alphonse le Sage.

Plus tard dans sa vie, il a promu aussi un autre projet. Grâce à la nouvelle traduction de l'*Almageste*, les astronomes du roi pouvaient calculer les événements astronomiques futurs, qu'ils enregistraient et mettaient dans un livret : les Tables Alfonsines. Même si le roi était le mécène de ce travail, il le trouvait très compliqué. On raconte qu'en jetant un coup d'œil par-dessus l'épaule de ses astronomes au travail, il aurait dit un jour : « Si Dieu m'avait appelé quand il a fait le monde, j'aurais pu lui donner de bons conseils ! »

Almagestū CL. Ptolemei
Pheludienſis Alexandrini Aſtronomoꝛ principis:
Opus ingens ac nobile omnes Celorū motus continens. Felicibus Aſtris eat in
lucez: Ductu Petri Liechtenſtein
Colonieſis Germani. Anno
Uirginei Partus. 1 5 1 5.
Die. 1 0. Ja. Uenetijs
ex officina ciuſ-
dem litte-
raria.
* *
*

Cum priuilegio.

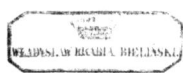

FIGURE 1.3. Première édition imprimée de l'*Almageste* dans la traduction latine de Gérard de Crémone (Venise, 1515).

2.

Un changement de paradigme

Une fois l'*Almageste* disponible en latin, il est resté le principal texte de référence en astronomie pendant des siècles. Au Moyen Âge, toutes les théories d'Aristote ont été soigneusement étudiées en raison de leur ancienneté. Il est devenu l'autorité dans tous les domaines de la science. Dante Alighieri a même dit que le grand philosophe grec était comme un chevalier, et que tous les autres savants, comme Ptolémée, étaient comme les artisans qui le servaient avant la bataille (le forgeron, le maréchal-ferrant, l'écuyer...).

En effet, grâce à l'*Almageste*, les astronomes pouvaient faire des prédictions très précises sur les événements futurs, et les marins pouvaient naviguer en toute sécurité sur la mer sans perdre leurs repères.

Aristote et Ptolémée étaient tous deux d'accord pour dire que la Terre semblait immobile et que les étoiles se déplaçaient autour d'elle. Copernic a rejeté cette hypothèse et a inversé les positions du Soleil et de la Terre.

La révolution de Copernic

Nicolas Copernic est né à Toruń, un petit village sur la Vistule, en Pologne. Son père était un riche marchand, mais il mourut alors que Nicolaus avait encore 10 ans. Personne ne pouvait s'occuper de lui, donc son oncle Lucas le prit sous son toit.

Lucas était un éminent ecclésiastique, et il voulait que son neveu le devienne également. Il a payé pour qu'il puisse étudier à l'université de Cracovie, alors capitale de la Pologne. Des étudiants comme Copernic y venaient de toutes les régions du règne, et ils parlaient des langues différentes, car la Pologne avait fait partie de la Prusse, une nation germanophone qui n'existe plus. Pour aider tout le monde à comprendre, les professeurs de Cracovie parlaient latin, non seulement parce que c'était la langue internationale de l'Europe, mais aussi parce que les manuels scolaires étaient également en latin.

En effet, les leçons consistaient à lire et à commenter Aristote en traduction. Les étudiants devaient s'y rendre même s'ils n'étaient pas très intéressés par la philosophie : à l'époque, les cours étaient les mêmes pendant les trois premières années, et ce n'est que dans les dernières années qu'ils pouvaient choisir entre les facultés de médecine, de droit ou de théologie. Copernic, qui voulait simplement devenir clerc, a commencé à trouver l'université assez ennuyeuse.

Les choses changent en troisième année, lorsqu'un jour, sur le porche de l'université, un étudiant lit à haute voix une nouvelle incroyable : un marin italien du nom de Christophe Colomb a traversé l'océan Atlantique et, après seulement 33 jours, il est arrivé en Inde. C'était merveilleux ; mais comme beaucoup d'autres, Copernic s'est demandé si la Terre était vraiment si petite. En fait, elle ne l'était pas, car la terre découverte par Christophe Colomb, comme on l'a appris plus tard, était bien l'Amérique. Néanmoins, Copernic a découvert son intérêt pour l'astronomie.

Comme par hasard, l'astronomie était enseignée à l'université de Cracovie dans le cadre de la faculté de médecine, car à l'époque, on pensait que le mouvement des étoiles avait une influence sur la santé humaine. Cela peut sembler étrange aujourd'hui, mais au moins Copernic a pu ainsi assister à ses premières leçons d'astronomie.

À cette époque, l'*Almageste* n'est plus la seule référence pour les astronomes, comme c'était le cas au Moyen Âge. Les professeurs ne l'utilisaient pas avec des novices comme Copernic, car il était trop technique ; ils s'en référaient plutôt à une version abrégée, appelée *epitomata* (« résumés » en grec). De plus, l'invention de l'imprimerie avait rendu abordables de nombreux autres outils techniques, de sorte que Copernic pouvait simplement acheter à Cracovie une copie des Tables Alfonsines, autrefois disponibles uniquement à Tolède. Il gardait toujours ce livret avec lui et l'étudiait pendant son temps libre.

Alors que ce nouvel intérêt pour l'astronomie grandissait en lui, il s'impliquait moins dans les autres cours. Ayant remarqué cela, son oncle l'encouragea à partir à l'étranger pour donner un coup de pouce à sa carrière. Copernic souhaite se rendre en Italie, à Bologne, une ville entre Rome et Milan très animée avec de nombreux savants.

À l'université de Bologne, les choses étaient un peu différentes de celles de Cracovie : les cours n'étaient pas en latin, mais il y avait différents cours dans de nombreuses langues différentes. Plus curieux encore, les professeurs donnaient parfois des cours aux étudiants dans leur propre maison.

Copernic essaie d'assister aux cours dispensés en allemand, mais il finit par les abandonner tous lorsqu'il se rend dans la maison de l'illustre professeur d'astronomie, Domenico Maria da Novara. Il assiste à toutes ses leçons, et devient ensuite son assistant. Domenico Maria donna également à Copernic un instrument puissant pour ses études : les *Epitomata de l'Almageste* de Regiomontanus, la meilleure édition qui existait à l'époque, tout juste imprimée à Venise. Cependant, le professeur met en garde son élève : ce système est tellement bancal qu'il a peu de chances d'être vrai.

Même s'il n'est resté en Italie que trois ans, Copernic a beaucoup appris pendant cette période de sa vie. Cependant, il dut finalement revenir en Pologne. À l'étranger, il avait obtenu un diplôme en droit canonique, de sorte qu'une fois de retour dans sa ville natale, il pourrait devenir clerc. Il avait 30 ans.

Son oncle Lucas était après tout satisfait. Entretemps, il était lui-même devenu évêque de la ville de Frombork. Il voulait que son neveu soit à son service, afin qu'il puisse gagner son propre salaire. Son devoir était de collecter les impôts dans les villages du comté, et de temps en temps il faisait office de médecin, mettant en pratique le peu qu'il avait appris en médecine à l'université. Une fois, il a même dû s'occuper de Lucas quand il est tombé malade.

Cela aurait été le travail quotidien de Copernic pour le reste de sa vie. L'astronomie était en effet son occupation pendant son temps libre, un peu comme Cicéron l'était avec la philosophie.

Copernic faisait ses observations dans le ciel nocturne depuis le sommet de la plus haute tour de la cathédrale de Frombork, où il travaillait le jour. Ses instruments étaient pour la plupart de simples règles et tables. Cela peut paraître étrange, mais Copernic n'a jamais eu de télescope, car celui-ci n'avait pas encore été inventé.

Copernic a commencé à lire attentivement les *Epitomata de l'Almageste*, et comme beaucoup d'autres astronomes avant lui, il voyait maintenant les problèmes du système de Ptolémée. En particulier, les épicycles qu'il avait ajoutés étaient en effet très maladroits, et ils contrastaient avec l'idée de perfection que Copernic avait en tête. Il commence à prendre note de toutes ses remarques dans un petit carnet.

Il dessine également quelques schémas de l'univers tel que décrit par Ptolémée, puis commence à supprimer certaines orbites et à placer les planètes dans un ordre différent et beaucoup plus simple. Il s'est surtout battu avec les orbites de la Terre et du Soleil : elles croisaient toujours l'orbite de Mars, ce qui n'était pas idéal. Il a finalement découvert qu'en plaçant le Soleil au centre et la Terre autour de lui, il obtenait neuf cercles parfaits qui ne se croisaient jamais. Le mouvement de Mars est dû au fait que les deux planètes se déplacent comme deux coureurs sur deux chemins différents d'un stade : au début, la Terre poursuit Mars, donc Mars sur l'horizon avance, mais quand la Terre dépasse Mars, Mars semble reculer, car la Terre la laisse derrière elle. Et puis, de l'autre côté du stade, Mars avance à nouveau de loin.

Voilà l'explication : en inversant ce qu'Aristote avait pensé à l'origine, Copernic a trouvé la solution aux épicycles. Ses notes se sont étoffées pendant les 30 années où ce problème a occupé ses pensées. Aujourd'hui, l'un des trois seuls exemplaires survivants de ce carnet peut être vu à Vienne, à la Bibliothèque nationale. On l'appelle désormais le *Commentariolus* (« petit commentaire » en latin). Il s'agit de la première ébauche du système héliocentrique tel que pensé par Copernic, écrite de sa propre main.

Copernic, alors âgé de soixante ans, avait fait de grands progrès dans son expertise en astronomie. Ainsi, une fois toutes ses théories écrites, il décida que c'était le bon moment pour acheter sa première édition complète personnelle de l'*Almageste*, qu'il n'avait lu qu'en partie jusqu'alors. En rentrant chez lui, il commença à feuilleter les pages du gros volume, et il fut effectivement un peu choqué par la technicité de l'ouvrage. Il était convaincu que son petit *Commentariolus* suffirait à révolutionner l'astronomie. Ce n'était pas vraiment un problème : il avait déjà annoté tous les chiffres et les mesures, mais il les avait séparés. Il se remet donc au travail, prend l'*Almageste* comme modèle et commence à rédiger un traité plus détaillé, en fournissant cette fois toutes les données.

Copernic écrit également en latin dès le début, afin que tous les astronomes d'Europe puissent le comprendre immédiatement. Grâce à cela, son livre n'aurait jamais eu à subir les multiples traductions qu'a connues l'*Almageste*.

Entre-temps, il a parlé de la théorie à laquelle il était arrivé à ses amis du clergé. Ceux-ci lui demandent s'il aimerait la publier, mais Copernic semble étrangement réticent à cette idée. Pourquoi écrivait-il autant, alors ?

Quoi qu'il en soit, la théorie était si frappante qu'elle circulait sans cesse d'elle-même. Elle est arrivée jusque dans les plus hautes sphères du clergé. Martin Luther l'a entendue, et il a dit que c'était une folie. Le pape l'a également entendue, et il a voulu en savoir plus.

La rumeur a également suscité l'intérêt des plus jeunes. L'un d'entre eux était Joachim Rheticus, un brillant professeur d'astronomie âgé de 25 ans seulement. Il est tellement fasciné qu'il se rend à Frombork dans le seul but de rencontrer Copernic en personne. Les deux hommes deviennent amis et Rheticus demande même à Copernic s'il peut l'aider dans son travail. Ce dernier l'accepte comme apprenti, tout comme il l'a fait avec Domenico Maria da Novara.

En travaillant ensemble, Rheticus a le privilège de lire les chapitres du livre que Copernic est en train d'écrire, un par un, dès qu'il les termine. Il prenait de plus en plus de temps ; quelqu'un a même douté qu'il craignait les critiques qui finiraient par arriver. Mais contrairement à son auteur, l'apprenti était beaucoup plus pressé de publier le livre. Il l'a donc aidé en revérifiant tous les calculs, et grâce à son intervention, le manuscrit a été prêt beaucoup plus rapidement. Copernic l'autorise enfin à le confier à un imprimeur.

Mais le texte n'était pas un essai ordinaire : il contenait des tableaux et des schémas ; il devait être mis en page par un imprimeur spécialisé dans les publications scientifiques, qui avait peut-être aussi un certain prestige. Rheticus connaissait un nom : il s'appelait Johannes Petreius, et il avait son imprimerie à Nuremberg, une ville lointaine, en dehors de la Pologne. L'apprenti ne pouvait plus attendre : il a rassemblé toutes les pages du manuscrit dans un sac, a pris son cheval et s'est rendu à Nuremberg. Une fois arrivé, il trouve l'imprimerie et rencontre Petreius. L'astronome ne pouvait pas rester plus longtemps en ville, et il hésitait à confier le précieux ouvrage à l'imprimeur. Petreius le tranquillisa, en lui présentant son assistant Andreas

Osiander, un clerc qui étudiait l'astronomie. C'est lui qui aurait effectué la vérification finale. Rheticus accepta et laissa les papiers entre ses mains.

Alors que le livre était en préparation, un événement terrible se produisit : Copernic a eu une attaque. Cela ne l'a pas tué, mais l'a laissé paralysé dans son lit. Il ne pouvait certainement plus travailler. Sa santé se détériorant rapidement, il a écrit une lettre au pape, lui présentant son livre. Avant que son livre ne soit envoyé aux presses, il a demandé que la lettre soit imprimée comme préface.

Après quelques mois, le livre était enfin prêt. Rheticus retourne à Nuremberg. Il prit en main le premier exemplaire : le titre était *De revolutionibus orbium coelestim* (« La révolution des sphères dans le ciel », 1543). Cela le déçoit : son maître voulait que le titre soit simplement *De revolutionibus*. Il barra tristement d'un stylo les mots en trop, mais il ne put faire beaucoup plus pour les autres copies.

Alors, Rheticus revint à Frombork en apportant le livre avec lui, à son ami malade. Il le posa sur le lit où il était couché. Copernic ouvrit les yeux et vit enfin l'œuvre de toute sa vie.

Il mourut quelques mois plus tard.

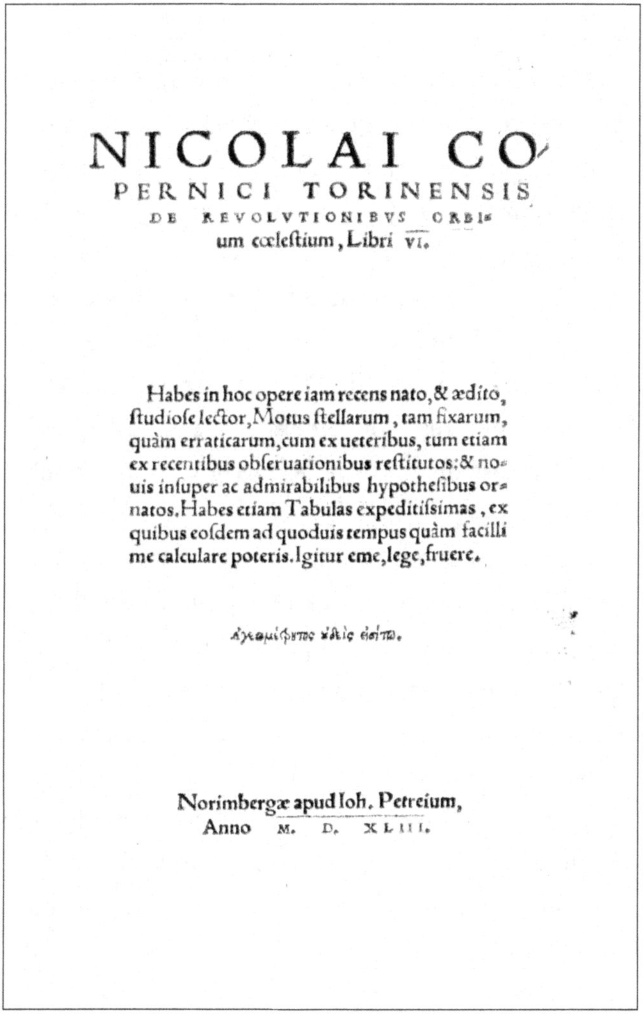

NICOLAI CO-
PERNICI TORINENSIS
DE REVOLVTIONIBVS ORBI-
um cœlestium, Libri VI.

Habes in hoc opere iam recens nato, & ædito, studiose lector, Motus stellarum, tam fixarum, quàm erraticarum, cum ex ueteribus, tum etiam ex recentibus obseruationibus restitutos: & no-uis insuper ac admirabilibus hypothesibus or-natos. Habes etiam Tabulas expeditissimas, ex quibus eosdem ad quoduis tempus quàm facilli me calculare poteris. Igitur eme, lege, fruere.

Ἀγεωμέτρητος μηδείς εἰσίτω.

Norimbergæ apud Ioh. Petreium,
Anno M. D. XLIII.

FIGURE 2.1. Première édition imprimée de *De revolutionibus orbium coelestium* par Copernic (Nuremberg, 1543).

Le retard de l'héliocentrisme

Le livre de Copernic ne s'est pas répandu immédiatement en Europe. La première raison était d'ordre technique : il avait construit un système plus simple que celui de Ptolémée, mais seulement en apparence. En y regardant de plus près, il était aussi complexe que son prédécesseur. Par exemple, en plus de sa révolution autour du Soleil, Copernic disait aussi que la Terre tournait sur elle-même, et que c'était la cause de l'alternance du jour et de la nuit. Tous ces mouvements allaient à l'encontre de l'impression irréfutable que la terre ne tremble pas.

De plus, l'auteur lui-même n'a pas défendu son idée de son vivant. Il avait toujours retardé la publication de son livre jusqu'à ce qu'il soit trop tard. Pourquoi en était-il ainsi ? Copernic explique les raisons pour lesquelles il a attendu si longtemps dans la lettre au pape qui ouvre son *De revolutionibus*. « Moi-même, je n'aime pas tellement mon opinion que je ne me soucie pas de la façon dont les autres la jugeront, écrit-il, mais alors que j'étais hésitant et réticent, mes amis m'ont donné un coup de pouce ».

Mais il y avait aussi une autre raison pour le retard dans la compréhension du *De revolutionibus*, et c'était que pendant longtemps, même les astronomes qui l'avaient lu croyaient que la théorie n'était qu'une théorie et non une description factuelle de l'univers. C'était écrit dans le livre lui-même, sur une autre préface qui précédait la lettre au pape. « L'auteur de ce livre a fait un excellent travail, mais ces hypothèses n'ont pas besoin d'être vraies, tant qu'elles fournissent un calcul cohérent avec les observations ».

En lisant ces lignes, Rheticus a été scandalisé. Ce n'étaient pas les mots de Copernic. Petreius n'avait pas seulement changé le titre, mais avait aussi ajouté quelque chose qui ne figurait pas dans le manuscrit. Lorsqu'il a demandé des explications à l'imprimeur, il a découvert la vérité. Ce n'était pas Petreius qui avait modifié le texte, mais son assistant : Andreas Osiander. Au dernier moment, juste avant l'impression, il a glissé dans le projet final deux pages supplémentaires de sa propre main, mais il ne les a pas signées. La deuxième préface est en fait anonyme.

Peut-être que les intentions d'Osiander n'étaient pas mauvaises. Il voulait que les astronomes aient l'esprit ouvert sur ce qu'ils allaient lire. Mais à cause de son excès de prudence, beaucoup ont cru pendant de nombreuses années qu'il s'agissait de la parole de l'auteur, Copernic, et que sa théorie n'était rien de plus qu'un exercice de raison et de géométrie.

À cause de tout cela, le livre de Copernic est resté silencieux pendant environ 50 ans après sa publication.

L'autorité juge Giordano Bruno

Le premier à avoir cru en Copernic est le philosophe italien Giordano Bruno. Non seulement il a compris ce que Copernic avait dit, mais il a porté ses paroles plus loin.

Dans son livre intitulé *Cena de le ceneri* (en italien, « Le souper des cendres », 1584), il imagine un long dialogue entre des amis qui dînent ensemble le mercredi des cendres. Cela aurait été un scandale si s'était produit, car ce jour-là était un jour de jeûne dans l'Église catholique.

En effet, les participants parlent de quelque chose qui était également scandaleux : ils remettent en question l'autorité d'Aristote. Celui qui parle le plus est Teofilo, qui est en fait une sorte d'ambassadeur de Giordano Bruno, qui est seulement mentionné dans le livre mais ne prend pas part au dialogue. Teofilo affirme qu'il est absurde que les idées d'Aristote soient considérées comme meilleures simplement parce qu'elles sont anciennes, parce que chaque idée qui est maintenant ancienne avait été nouvelle dans le passé. Les idées sont comme le jour et la nuit : elles ne peuvent être évaluées qu'entre elles.

Ensuite, il mentionne Copernic et fait l'éloge de son travail, qui mérite la même reconnaissance que les autres grands astronomes, comme Ptolémée. Il s'en prend même à cette « bête » (« asino ignorante » dans l'original) qui a joint au livre cette préface ridicule sans le consentement de l'auteur.

Mais il ajoute aussi que Copernic a échoué sur un point : lui-même n'a pas saisi le sens réel de sa découverte. Puisque la Terre tourne autour du Soleil, alors les autres étoiles dans le ciel, qui sont comme notre Soleil, peuvent avoir des planètes autour d'elles. Certaines de ces planètes peuvent être habitées comme la nôtre, la Terre n'est donc pas le seul monde.

Pour mieux expliquer cela, Teofilo dit : « La lune n'est pas plus dans le ciel pour nous que nous ne le sommes pour la lune ». Dans ce vers, la perspective géocentrique est inversée jusque dans la disposition des mots, ce qui suit un schéma croisé appelé chiasme (lune : nous = nous : lune).

Cependant, ce n'était pas encore le bon moment pour diffuser de telles idées. Lorsqu'il se trouvait à Venise, Giordano Bruno fut hébergé dans la maison d'un aristocrate appelé Mocenigo, et le philosophe lui parla de la pluralité des mondes. Craignant d'être accusé d'héberger un hérétique, Mocenigo dénonce son hôte à la Sainte Inquisition, un tribunal qui poursuit les crimes contre la religion.

Giordano Bruno est arrêté et jugé pour hérésie. S'il était reconnu coupable, il aurait été mis à mort par les flammes.

Mais l'hérésie était en effet un crime très compliqué à persécuter, car la loi stipulait que deux éléments de preuve étaient nécessaires : une preuve concrète et un aveu, qui était très souvent obtenu sous la torture.

Dans le cas de Giordano Bruno, les juges disposaient de ces deux éléments de preuve, mais ils n'ont pas pu les relier entre eux pour en faire une hérésie. Le philosophe, en effet, n'a jamais nié ce qu'il disait dans son livre, mais il était sincèrement convaincu que ses idées n'étaient pas hérétiques. La confession n'était donc pas suffisante pour une condamnation.

Giordano Bruno est alors envoyé à Rome, où les cardinaux pourront peut-être gérer son cas difficile. Parmi eux, il y avait le cardinal Bellarmino, le cardinal le plus éminent de toute l'Église catholique. Pour résoudre l'affaire, il a mis en œuvre une astuce : il a choisi huit phrases de ce que Giordano Bruno avait écrit et les a placées à côté de huit autres phrases écrites par des philosophes chrétiens qui les contredisaient. Ainsi, il n'y avait plus de doute sur l'hérésie.

La seule chose que Giordano Bruno pouvait faire pour éviter la peine de mort était d'abjurer ses idées. Il l'a fait, mais seulement pour certaines de ces huit lignes. Pour le reste, il appelle à l'aide du pape, ce qui lui est refusé. En effet, le pape lui-même a signé sa condamnation.

Giordano Bruno est condamné à mort et brûlé sur le bûcher.

3.
La première communauté scientifique

COPERNIC N'ÉTANT PAS largement accepté, il n'a d'abord été lu et apprécié que par des penseurs individuels, tels que Giordano Bruno. Comme nous l'avons vu, il a cependant été dépassé par l'autorité scientifique de son époque, notamment parce qu'il était le seul à croire en l'astronome polonais.

Après la diffusion de la nouvelle de sa condamnation à mort, d'autres scientifiques en Italie ont été à leur tour fascinés par ce que Copernic avait écrit ; ainsi, sous cet intérêt commun, ils se sont réunis et ont fondé une communauté scientifique.

L'Accademia dei Lincei

L'histoire de l'Accademia dei Lincei est intimement liée à la vie de deux de ses fondateurs, Federico Cesi et Jan Van Heck.

Federico Cesi était le fils d'une famille noble de Rieti, non loin de Rome. Sa famille tenait son titre et une terre du pape, et elle était très proche du clergé. Dans sa jeunesse, Federico a même rencontré en personne le cardinal Bellarmino, celui qui a condamné Giordano Bruno. Ils s'écrivaient parfois des lettres pour des affaires politiques.

Outre ses fonctions de noble, Cesi s'est intéressé aux sciences naturelles, en particulier à la botanique. Il l'a étudiée en lisant lui-même des livres scientifiques, et celui qui l'a le plus frappé est la *Magia naturalis*, une encyclopédie sur les sciences naturelles écrite par l'italien Giambattista della Porta. Le titre peut sembler étrange pour un texte scientifique, car le terme « magie » est utilisé ici dans un sens beaucoup plus large : à l'époque, la science n'existait que comme un concept vague, et comme il s'agissait de découvrir les forces invisibles qui régissaient la nature, elle était parfois décrite avec ce terme. Cesi a lu attentivement le livre de Della Porta, et la plupart des choses qu'il savait sur la science, il les a apprises grâce à lui. C'était en effet un livre très apprécié au niveau international, disponible également dans toutes les principales langues d'Europe.

Pendant ce temps, de l'autre côté du continent, aux Pays-Bas, Jan Van Heck est né dans une famille catholique. Pour eux, il était difficile de rester sur place, car les catholiques étaient persécutés par les protestants. Ils ont donc déménagé en Italie, une nation catholique.

Comme Cesi, Van Heck a également découvert sa passion pour les sciences pendant son adolescence, et il a ensuite décidé de poursuivre une carrière scientifique. Il obtient un diplôme de médecine à l'université de Pérouse, puis il commence à exercer dans un village près de Rieti.

Il y avait un pharmacien, Raniero Casolini. Van Heck devint rapidement hostile à cet homme, car, selon lui, il ne préparait pas correctement les ordonnances. Un jour, le médecin hollandais dut administrer à l'un de ses patients une des préparations faites par Casolini, et dès que le médicament n'eut pas l'effet escompté, il accompagna un parent du patient à la pharmacie, pour faire préparer à nouveau le médicament. Il n'a même pas pu vérifier la préparation car le pharmacien n'avait besoin que de 10 minutes pour la réaliser. Van Heck a prétendu que cela prendrait au moins une heure, et les deux hommes se sont rapidement disputés. Elle aurait même dégénéré si ceux qui se trouvaient à proximité ne les avaient pas retenus.

Cela ne s'est pas terminé comme ça. Un soir, alors que Van Heck était à cheval pendant le travail, il a été pris en embuscade par Casolini et quelques-uns de ses serviteurs, qui ont lancé des pierres sur le docteur. Armé d'une épée, il descendit de son cheval et poursuivit le chef de la bande, qui lança une dernière pierre. Van Heck a levé son bras armé pour se protéger, et le coup a atterri sur son coude. L'épée est tombée. Il la ramasse de la main gauche et reprend la poursuite. Lorsqu'il atteint enfin Casolini, il lui assène un coup sec sur la tête, l'assommant. Une fois de plus, la foule a mis fin à la bagarre et les autorités ont arrêté les deux hommes. Le pharmacien est mort quelques jours plus tard.

Van Heck est jugé pour meurtre. Entre-temps, Federico Cesi avait entendu parler de l'accident, et il en était ému. Il voulut rencontrer Van Heck en prison et lui proposa son aide : comme il était noble, il avait une certaine influence dans cette région. En effet, grâce à son intervention, le juge a fini par déclarer Van Heck innocent.

Après cela, Cesi et Van Heck sont rapidement devenus amis. Ils ont également découvert leurs intérêts communs, et chaque fois qu'ils se rencontraient, ils discutaient de science. Plus tard, deux autres scientifiques se sont joints à ces réunions, Francesco Stelluti et Anastasio de Filiis.

Cesi a eu une idée. Il la proposa à ses collègues : ils auraient été les quatre fondateurs d'une communauté scientifique. Leur société aurait eu des maisons aux quatre coins du monde, et dans ces maisons, les scientifiques auraient vécu ensemble, un peu comme les chevaliers ou les moines. Dans chaque maison, il y aurait eu une bibliothèque, un observatoire et un laboratoire. Chaque découverte scientifique faite dans une maison aurait dû être immédiatement communiquée à toutes les autres afin qu'il n'y ait plus de retard dans la diffusion des connaissances.

Federico Cesi décide d'appeler leur société l'Accademia dei Lincei (« Académie des Lynx »), car dans la *Magia naturalis*, le livre qu'il avait lu plus tôt dans sa vie, le lynx était décrit comme un animal capable de voir sous la surface des choses, comme le faisaient ceux qui étudiaient la nature.

C'était un projet ambitieux. Il était déjà difficile de le réaliser, mais il ne l'aurait jamais été sans un petit problème familial.

Comme Cesi et Van Heck ont passé beaucoup de temps ensemble, le père de Federico est devenu jaloux de lui, car il pensait que Van Heck aurait convaincu son fils de déménager aux Pays-Bas. Alors, pour éviter tout conflit, les deux amis décident de se séparer : Cesi est allé à Naples, tandis que Van Heck a voyagé en Europe. De cette façon, ils ont au moins la possibilité de diffuser leur projet même à l'étranger.

A Naples, Federico rencontre l'auteur de sa chère *Magia naturalis* : Giambattista della Porta. Della Porta était un expert en optique qui a fait de nombreuses avancées notables dans ce domaine, comme l'invention de la camera obscura. Il raconte au jeune Federico qu'il a également fondé une communauté scientifique, l'Accademia dei Segreti (« Académie des Secrets »), car pour lui la science consiste à découvrir les secrets de la nature. La *Magia naturalis* était la principale référence de cette société. Mais bien qu'ils s'occupaient d'expériences et non de magie, la Sainte Inquisition les soupçonna de sorcellerie et ferma l'Accademia dei Segreti peu après son ouverture.

Lorsque Federico Cesi a entendu cette histoire, il a été inspiré. Il invite alors Giambattista della Porta dans la nouvelle Accademia dei Lincei, qui accepte et fonde une branche de l'Accademia dei Lincei à Naples, où son ancienne société avait l'habitude de se réunir.

Pendant ce temps, Van Heck voyage dans les cours d'Europe, où il rencontre des scientifiques célèbres comme Keplero et Tycho Brahe, et leur parle de l'Accademia. Il a même pu présenter le projet à l'empereur romain germanique Rudolf II, qui s'intéressait à la science. L'Accademia dei Lincei devient en effet internationale, comme dans le projet initial de Federico Cesi.

La société devient encore plus prestigieuse lorsqu'un autre membre la rejoint : Galileo Galilei.

Galilée et le langage

À cette époque, Galileo Galilei était déjà célèbre parmi les astronomes, car il venait de publier *Sidereus nuncius* (« Le messager des étoiles »), dans lequel il décrivait toutes ses découvertes dans le cosmos faites avec un nouvel instrument pour observer le ciel nocturne.

Lorsque Federico Cesi l'a invité à rejoindre l'Accademia dei Lincei, il a accepté avec plaisir. Lors des réunions avec ses nouveaux collègues, Galilée leur a parlé de ses découvertes et leur a montré son instrument. En le voyant, un autre membre de l'Académie, un scientifique grec nommé Giovanni Demisiani, lui a suggéré un nom : télescope.

Galilée, cependant, n'a pas apprécié. C'était un problème de langue. Le mot « télescope » a été composé par Demisiani en combinant deux éléments d'origine grecque : tele- « loin » + -scope, un suffixe dérivé du verbe « regarder ».

Galilée méprisait les langues anciennes dans le domaine de la science, car elles représentaient selon lui une ancienne façon de penser. Quand il le pouvait, il évitait aussi le latin et écrivait en italien. Un exemple de cela est son livre particulier intitulé *Il saggiatore* (« L'essayeur », 1623).

Quelque temps après son introduction à l'Académie, un autre astronome, Orazio Grassi, avait critiqué Galilée dans une pamphlet écrite en latin et intitulée *Libra astronomica e filosofica*. *Libra* signifie « balance » en latin, car l'auteur voulait métaphoriquement peser les nouvelles découvertes et montrer leur incohérence. L'un des autres Lincei, Virginio Cesarini, a envoyé une lettre à son collègue l'invitant à répondre à la provocation, et Galilée a accepté. Le savant, cependant, ne répond pas en s'adressant à son adversaire : il écrit directement à son ami. Et compte tenu du caractère informel de la correspondance, il écrit en italien lorsqu'il traite de sujets scientifiques, citant les propos de Grassi tels quels, en latin. Il s'agit d'une véritable expérience littéraire où deux langues alternent dans un même texte : les anciennes théories astronomiques sont écrites en latin, les nouvelles en italien. Ce qui était initialement une épître s'est transformé en un livre, dont le titre était Il saggiatore. Comme *libra*, « saggiatore » signifie également « balance », mais ce nom n'est pas d'origine latine, comme le préférait Galilée. Et dans ce cas, on peut dire que les deux plateaux de la balance métaphorique sont les deux langues différentes.

Ainsi, Galilée a fait ce que Cicéron avait fait en utilisant le latin pour écrire sur la philosophie grecque. De plus, cela a été utile pour sa compréhension du sujet, car il se sentait plus à l'aise pour écrire dans sa langue vernaculaire, ce qui lui permettait également d'être polémique envers l'ancienne science.

Tout au long de sa vie, Galilée a espéré diffuser la langue italienne au sein de la communauté scientifique internationale.

Comment Galilée a utilisé l'anamnèse

Avant de publier *Il saggiatore*, Galilée a écrit une dédicace au pape en guise de préface au livre, comme Copernic l'avait fait avant lui dans *De revolutionibus*. Cette fois, cependant, c'est le pape lui-même qui a invité Galilée à Rome. Les deux hommes se sont rencontrés à plusieurs reprises et ont discuté des découvertes faites avec le télescope. Lorsque Galilée avoue au pape son projet d'écrire un texte sur Copernic, celui-ci le met en garde : une commission dirigée par le cardinal Bellarmin vient de découvrir qu'il contredit l'astronomie mentionnée dans la Bible, il est donc taxé d'hérétique.

Quelques années après leur rencontre, Galilée achève le livre dont il parle : *Dialogo sopra i due massimi sistemi*, (« Dialogue sur les deux grands systèmes », 1632) un dialogue dans lequel les participants discutent des théories d'Aristote et de Copernic.

Pourquoi Galilée a-t-il écrit un dialogue ? Nous l'avons déjà trouvé utilisé par Cicéron, mais bien avant lui, Socrate a été le premier à utiliser le dialogue. Il croyait que la vraie philosophie ne pouvait se faire qu'en personne ; et pour le dire radicalement, il a même choisi de ne rien laisser par écrit, puisqu'un texte peut parler sans son auteur. Sa méthode particulière consistait à poser à quelqu'un une série de questions, en commençant par un sujet général tel que « Quel est le plus grand bien selon vous ? », puis « Qu'entendez-vous par là ? », et ainsi de suite. L'objectif de cette enquête était de remonter du sujet choisi aux convictions profondes de l'interlocuteur. Socrate essayait de montrer aux personnes qu'il interrogeait (et aussi à celles qui l'écoutaient simplement...) que ce que nous considérons comme vrai est en fait parfois fondé sur une croyance indémontrable, et que nous en sommes souvent inconscients.

Parce que le philosophe plongeait dans leur esprit à la recherche de la vérité, la méthode socratique était appelée anamnèse, ce qui signifie « réminiscence » en grec. Et parce que passer par ce processus n'est pas du tout agréable, Socrate n'a pas toujours gagné la sympathie de ses interlocuteurs ; au contraire, il a rapidement acquis une réputation de personne désagréable. Pour cela, il a même été mis à mort, accusé de corrompre l'esprit des jeunes.

Son apprenti Platon a copié sa méthode d'utilisation du dialogue ; mais contrairement à son maître, il n'était pas aussi rigide en matière d'écriture, si bien qu'il a été le premier à faire des dialogues un genre littéraire. Aristote, l'apprenti de Platon, a également écrit des dialogues, mais comme ils n'étaient pas considérés comme ses textes les plus importants, ils n'ont pas été conservés. Les textes aristotéliciens qui ont été conservés sont ceux qu'il lisait à haute voix pendant ses cours, sans la participation de ses étudiants : tout le contraire de ce que faisait Socrate. Pour cette raison, les livres d'Aristote sont tous écrits sous forme de monologue, comme nous attendrions aujourd'hui d'un essai.

Tout comme il l'a fait avec le télescope, Galilée a amélioré la méthode socratique. Le dialogue écrit est très différent d'un dialogue fait en personne : dans sa forme originale, le dialogue est un affrontement entre deux points de vue différents, et nous ne connaissons pas l'issue jusqu'à la fin ; lorsqu'il est écrit, il perd son imprévisibilité et devient un simple outil de son auteur. L'auteur décide à l'avance quel point de vue doit prévaloir sur l'autre. Le dialogue est donc une confrontation entre deux protagonistes aux convictions radicalement différentes : Salviati, qui croit en Copernic, et Simplicio, qui croit en Aristote ; et puisque Galilée se range du côté de Copernic, ce dialogue n'est que sa façon de persuader ses lecteurs convaincus d'Aristote.

Salviati demande à Simplicio : « Si un stylo était attaché à un bateau allant d'Italie à Alexandrie, quelle marque laisserait-il dans l'eau s'il était en papier ?

— Une diagonale ! il répond.

— Et quand vous êtes sur le navire, si vous regardez la pointe du mât, devez-vous déplacer vos yeux en diagonale pour la suivre ?

— Non...

— C'est parce que vous et vos yeux se déplacent avec le navire. Imaginez maintenant que la terre bouge. Si quelqu'un laissait tomber une pierre du haut d'une tour, quelle trajectoire prendrait la pierre dans l'air ?

— Une diagonale ?

— Tout à fait ! Mais faut-il bouger les yeux en diagonale pour le suivre ?

— Non !

— C'est parce que vous, vos yeux *et la pierre elle-même* se déplacent avec la Terre. »

Il s'agit toutefois de persuasion et non de preuve. Examinons de plus près ces deux exemples.

Dans le cas du voilier, il est vrai qu'il n'est pas nécessaire de déplacer les yeux pour suivre la pointe du mât. Mais cela reste vrai même dans le cas où le navire est immobile. Il en va de même pour l'exemple de la pierre tombant d'une tour (Fig. 3.1).

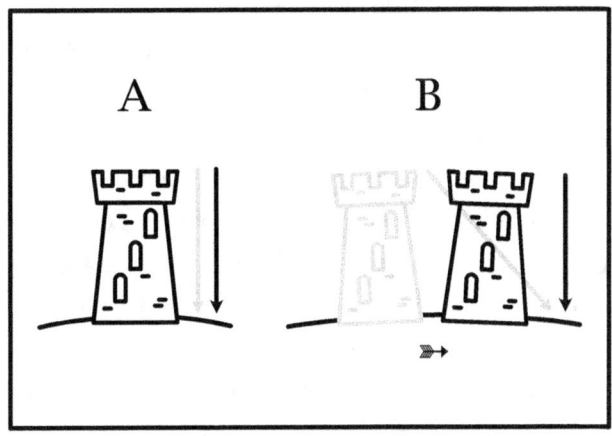

FIGURE 3.1. L'exemple de la tour : le même fait est expliqué par deux théories différentes.

Si la terre est immobile (A), il n'est pas nécessaire de déplacer les yeux horizontalement pour suivre la pierre qui tombe. En effet, la trajectoire réelle de la chute et la trajectoire perçue coïncident. Si, en revanche, la Terre se déplace (B), la pierre suit son mouvement, de sorte que sa chute réelle suit une diagonale, tandis que l'effet perçu reste le même, car l'observateur se déplace avec la tour et ne remarque pas la diagonale.

Cependant, Galilée ne donne aucune autre raison de préférer B à A. Ce qu'il veut montrer, c'est que A est basé sur une hypothèse qui semble évidente, mais il ajoute ensuite l'hypothèse que la pierre qui tombe peut suivre le mouvement de la Terre en diagonale. Si cela s'avérait vrai, le mouvement de la Terre serait possible.

C'est ce que l'anamnèse socratique a découvert : c'est une croyance qui façonne les faits, puis se cache derrière eux. La théorie de la Terre immobile (A) n'est pas vraiment basée sur le fait que la pierre tombe verticalement, car cela peut également s'expliquer (dans des conditions différentes) dans le cas où la Terre est en mouvement (B). En fait, c'est le contraire : tout d'abord, A suppose que la Terre est immobile ; ensuite, le fait que la pierre tombe directement vers le bas est une conséquence de cette hypothèse. Cependant, ce même fait est rapporté à tort comme une preuve de l'hypothèse qui l'a généré.

Galileo aussi condamné

Lorsque le pape reçut un exemplaire du *Dialogo*, il le fit examiner par Bellarmino, et le cardinal finit par trouver le livre trop conforme à la théorie de Copernic.

Suspecté d'hérésie, Galilée risquait non seulement d'être arrêté, mais aussi d'être mis à mort par le feu, comme Giordano Bruno. L'Accademia dei Lincei tente de prendre sa défense. Federico Cesi, grâce à sa connaissance de Bellarmino, lui écrivit une longue lettre, essayant de le convaincre que Copernic n'était pas en contradiction avec la Bible. Il voulait sauver son ami, comme il l'avait fait une fois avec Van Heck.

Mais cette fois, il n'a pas pu. Il est mort subitement après une fièvre aiguë, à seulement 45 ans. Non seulement il n'a pas pu aider Galilée, mais il a également laissé inachevée une encyclopédie botanique à laquelle il avait travaillé. L'Accademia dei Lincei n'a pas pu rester ouverte par la suite sans son fondateur.

Quant à Galilée, il est jugé pour hérésie. Comme dans le cas de Giordano Bruno, le tribunal a dû démontrer que ce que l'accusé disait était totalement faux. Et là encore, le cardinal Bellarmino fait partie du jury.

Avant la sentence, il a pris un exemplaire du *De revolutionibus* de Copernic. Il ouvre le livre à la première page, en citant mot pour mot une ligne de la préface : « Ces hypothèses n'ont pas besoin d'être vraies. »

Et Galilée finit par abjurer.

4.
L'ORIGINE DE LA *PEER REVIEW*

LA CONDAMNATION DE GALILÉE, si frappante, se répandit rapidement, même au-delà des frontières de l'Italie. Aucun savant en Europe ne savait qui il était et ce qui lui était arrivé après son abjuration : il fut assigné à résidence, et ses livres furent ajoutés à l'Index Librorum Prohibitorum, une liste de publications officiellement interdites par l'Église catholique aux croyants.

À cause de tout cela, les scientifiques ont voulu laisser derrière eux les anciennes méthodes et l'autorité scientifique.

Comme Galilée l'a fait dans *Il saggiatore*, beaucoup d'autres de ses collègues européens ont suivi son exemple et ont commencé à écrire sur la science dans leur langue. Le latin a été progressivement abandonné par les grands scientifiques, et la langue scientifique internationale s'est fragmentée en différents dialectes. La traduction des principaux essais dans d'autres langues ou en latin international est devenue obligatoire pour diffuser les théories récentes en dehors des frontières nationales.

Après l'Accademia dei Lincei, d'autres communautés scientifiques ont été fondées en Europe. Certaines d'entre elles se sont dotées d'une publication officielle à laquelle les membres pouvaient contribuer en partageant les développements récents de leurs travaux, afin de les faire connaître à leurs collègues et de recevoir un retour d'information.

C'est ainsi que sont nés les premiers périodiques scientifiques mensuels, et avec eux la méthode de l'évaluation par les pairs, qui est le contraire de l'autorité scientifique.

L'autorité en France

En France, dans ces années-là, le grand philosophe René Descartes était en train d'écrire deux livres, l'un sur le monde et l'autre sur l'être humain ; mais lorsqu'il a appris la terrible nouvelle en provenance d'Italie, il a mis de côté celui sur le monde parce qu'il défendait Copernic, et son essai sur l'être humain n'a été publié qu'après sa mort. Même si l'auteur l'avait écrit à l'origine en français, il fut traduit en latin avec le titre *De homine*, pour atteindre un public international plus large.

À Paris, le premier ministre du roi Louis XIV, le cardinal de Richelieu, qui était un homme très cultivé et particulièrement passionné de littérature, a fondé l'Académie française, un groupe de quarante savants appelés "les immortels". Le Premier ministre leur confie la tâche de rendre la langue française éloquente et capable de traiter des arts et des sciences. Pour atteindre cet objectif difficile, les immortels commencent à compiler un dictionnaire français officiel.

L'un d'entre eux était Antoine Furetière, un écrivain à succès qui souhaitait vivement contribuer au dictionnaire. Mais, frustré par la lenteur de ses collègues, il s'est mis à travailler seul sur un dictionnaire. Et lorsqu'il l'a terminé avant les autres immortels, ceux-ci se sont indignés car ils pensaient qu'il avait utilisé leurs sources pour son projet. Ils voulaient le faire sortir de l'Académie : finalement, Furetière dut signer. L'édition complète de son *Dictionnaire universel* est publiée peu après sa mort ; la première édition du *Dictionnaire de l'Académie française* est achevée quatre ans plus tard.

La Royal Society

En Angleterre, le philosophe Francis Bacon, comme Galilée, voulait s'éloigner de la vieille science d'Aristote. Il a donc inventé sa propre méthode pour faire de nouvelles découvertes scientifiques et l'a décrite dans son essai *Novum Organum*, « Le nouvel instrument », qui améliorait, même dans le titre, l'ancien livre du philosophe antique que Boèce avait traduit.

Bacon exprime ses idées sur la science également dans la littérature. Dans son livre inachevé *New Atlantis*, il a imaginé une société gouvernée par une communauté scientifique, dont les membres s'appellent mutuellement « fellow ».

Cette histoire a peut-être inspiré un groupe de scientifiques qui a commencé à se réunir à Londres dans ces années-là. Il s'agissait de Sir Robert Moray, un chimiste décoré du titre de chevalier par le roi Charles pour ses mérites militaires, et qui devint également l'ami du cardinal de Richelieu ; du Dr John Wallis, un mathématicien inventeur du symbole de l'infini (∞) ; de John Wilkins, un philosophe des sciences qui serait plus tard devenu évêque ; et de bien d'autres, pour un total de douze hommes de science.

Ils se réunissaient tous les mercredis dans une salle vide du Gresham College, une université à l'ancienne située au centre de Londres, à trois heures, après la fin des cours ; ou, si les salles étaient encore utilisées, dans un pub des environs. Au cours de leurs réunions, ils partageaient leurs découvertes récentes, mais ils réalisaient également de nouvelles expériences que tout le monde pouvait observer, et chaque membre contribuait aux dépenses pour les instruments et les échantillons. Le droit d'entrée à ce club était de 10 shillings, soit l'équivalent d'environ 60 € aujourd'hui, et la cotisation hebdomadaire pour les dépenses était d'un shilling (6 €).

Finalement, Robert Boyle a rejoint le groupe. Il était l'illustre chimiste qui a découvert et donné son nom à une loi fondamentale des gaz. En raison de sa notoriété, il gagna rapidement le respect des autres membres, jusqu'à devenir une figure de proue parmi eux. Dans les lettres qu'il adressait à ses camarades, il désignait leur société comme « notre *Invisible College* », en raison du nom de l'institution qui les accueillait, mais aussi de la quasi clandestinité de leurs rencontres.

L'activité de l'Invisible College est cependant interrompue par une grande agitation politique lorsque Oliver Cromwell, farouche opposant à la monarchie, est élu au parlement. Dans sa campagne politique contre le roi Charles, il gagne de plus en plus de partisans, jusqu'à ce qu'une guerre civile éclate. Le roi est vaincu mais il trouve protection en Écosse ; lui et Cromwell tentent de négocier une nouvelle constitution, mais ils échouent. Après une nouvelle guerre, Charles est finalement capturé par le parti de Cromwell, qui le juge, le condamne et le décapite. Son fils et héritier légitime du trône, Charles II, s'échappe à Bruxelles. Cromwell établit pour la première fois une république en Angleterre.

Pendant ces temps difficiles, les membres du Invisible College se séparèrent dans diverses parties de la Grande-Bretagne, et aussi à l'étranger. Ils ne se sont jamais rencontrés pendant une dizaine d'années, et ne s'écrivent qu'avec parcimonie.

À Paris, Robert Moray, un ami du roi Charles et du cardinal de Richelieu, tente de demander de l'aide au premier ministre français, mais sans succès. À Londres, Robert Boyle rencontre Henry Oldenburg, un diplomate allemand envoyé sur place pour traiter directement avec Cromwell des nouvelles relations internationales entre les deux pays. Boyle et lui deviennent rapidement amis, découvrant leur intérêt commun pour les sciences naturelles. En tant que diplomate, Oldenburg était un polyglotte exceptionnel, et il était en contact avec de nombreux grands esprits de l'époque, comme Isaac Newton, Baruch Spinoza et Gottfried Leibniz. En raison de son talent, Boyle lui propose de rejoindre l'Invisible College lorsqu'il sera de retour, et Oldenburg décide de s'installer à Londres.

Finalement, Cromwell mourut de la malaria, et la république ne pouvait survivre sans son fondateur. Le roi Charles II, une fois qu'il eut appris la nouvelle, revint au pays et reprit le trône.

En tant que roi de la monarchie restaurée, Charles II voulait que son règne soit éclairé par la culture et la science. Son ami Sir Moray lui a donc parlé du groupe dont il faisait autrefois partie. Charles II a demandé à rencontrer en personne tous les autres membres. L'Invisible College pouvait se réunir à nouveau et accueillir son nouveau membre, Henry Oldenburg. En présence de leur roi, ils lui ont raconté ce qu'ils faisaient autrefois au Gresham College, et ceux qui, pendant son absence, sont partis à l'étranger ont mentionné que dans les autres pays, il y avait de nombreuses académies consacrées aux arts et aux sciences, comme l'Accademia dei Lincei et l'Académie française.

Charles II s'en est inspiré et a voulu une société similaire pour son règne également. Il rédigea une charte officielle dans laquelle il accordait à ce groupe sa protection et la tâche d'« améliorer et de diffuser la science », ainsi qu'un nouveau nom : la Royal Society.

Dans leur règlement, ils établissent de se réunir une fois par semaine, et de payer un shilling par mois, comme le faisait le Invisible College. La limite des membres était fixée à 55, et tous auraient pris le titre de « fellows », comme dans l'histoire de Francis Bacon. Les nouveaux membres auraient dû être élus par les anciens, et personne n'aurait été admis sans examen, à l'exception de ceux qui avaient le grade de baron et plus, qui pouvaient également adhérer en tant que surnuméraires.

Dans les armoiries de la société (Fig. 4.1), ils ont choisi de mettre une devise qui est significative pour la science : *Nullius In Verba*, qui signifie en latin « La parole de personne », car les scientifiques ne doivent pas prendre pour argent comptant la parole de quiconque.

Le Journal des Savants

Quelques années avant de se rendre en Angleterre et de rencontrer ses confrères de la Royal Society, Henry Oldenburg se retrouve à Paris, lors d'un de ses nombreux voyages d'affaires. Pendant son temps libre, il profite de tous les divertissements que la capitale peut offrir. Il finit par être attiré dans la luxueuse maison d'Henri de Montmor, un homme de lettres qui organise régulièrement des réunions avec les plus éminents intellectuels de la ville. Suivant la tendance de l'époque, la société s'était également dotée d'un statut officiel et avait pris le nom d'Académie de Montmor. À l'Académie, Oldenburg rencontra Christiaan Huygens, astronome néerlandais et inventeur de l'horloge à pendule. Les deux hommes se lient d'amitié et continuent à échanger des lettres même après le départ d'Oldenburg de Paris.

FIGURE 4.1. Les armoiries de la Royal Society, avec la devise *Nullius In Verba*.

Comme Oldenburg allait devenir plus tard l'un des fondateurs de la Royal Society, quelqu'un a émis l'hypothèse qu'il avait repris l'idée d'une communauté scientifique à Montmor; mais cela s'est avéré faux, car la Royal Society a été fondée sur le Collège invisible, déjà existant (mais pas si célèbre).

Quant à l'Académie de Montmor elle-même, elle n'a pas fait long feu. La plupart de ses anciens membres se sont cependant regroupés dans la toute nouvelle Académie des sciences, une institution officielle qui venait d'être fondée par Jean-Baptiste Colbert, qui était devenu dans ces années-là le ministre le plus important de Louis XIV. En tant que l'un des successeurs du cardinal de Richelieu, il voulait donc imiter l'initiative qui lui avait apporté la gloire, et c'est ainsi qu'il donna à la France non seulement une académie dédiée à la littérature, mais aussi une académie pour l'étude des sciences naturelles.

Outre son devoir d'homme politique, Colbert était également le patron d'un cercle des personnes les plus cultivées de Paris, sorte d'Académie de Montmor. Les membres de cette société l'aidaient à traiter les affaires de l'État, mais ils discutaient aussi parfois d'autres initiatives visant à promouvoir la culture et la science. Ils avaient finalement l'idée d'un journal dédié aux autres personnes cultivées, une publication périodique qui pourrait les informer des faits les plus intéressants et les plus récents qui se produisaient dans la République des Lettres, comme on appelait la communauté internationale composée de toutes les personnes cultivées du monde.

Cependant, personne dans le cercle ne croit à ce projet ; seul Denis de Sallo, avocat de la cour officielle du roi, en parle finalement à Colbert, et il obtient du ministre l'autorisation d'imprimer le journal.

Le lundi 5 janvier 1665 paraissait le premier numéro du *Journal des Savants*. Il s'agit du premier journal académique imprimé en Europe, et il est publié une fois par semaine. De Sallo le signe sous le pseudonyme de Sieur de Hedouville, le nom du village d'où vient son assistant ; l'avocat voulait rester anonyme, peut-être parce que l'idée du journal n'était pas entièrement la sienne.

Dans la préface, il décrit le sujet du journal, car il s'agissait d'un concept entièrement nouveau. Elle aurait parlé des livres les plus importants imprimés dans toute l'Europe, et non seulement elle en aurait donné un résumé, mais le personnel les aurait également critiqués, afin que les lecteurs puissent voir s'ils auraient pu être utiles. Les bibliothécaires de l'époque se contentaient de dresser des catalogues alphabétiques des livres récemment impri-

LE IOVRNAL DES SCAVANS

Du Lundy V. Janvier M. DC. LXV.

Par le Sieur DE HEDOVVILLE.

A PARIS,
Chez IEAN CVSSON, ruë S. Iacques, à l'Image de S. Iean Baptiste.

M. DC. LXV.

AVEC PRIVILEGE DV ROY.

FIGURE 4.2. Premier numéro du *Journal des Savants* (lundi 5 janvier 1665).

més, et le Journal des Savants rendait soudain leur travail obsolète. A Lyon, l'un d'entre eux, Thomas Amaulry, se venge en imprimant des exemplaires pirates du périodique.

Le premier numéro était déjà riche de son contenu. On y trouve le résumé d'un livre récent de l'astronome italien Giuseppe Campani ; puis, un commentaire de *L'homme* de René Descartes, récemment publié dans son texte original français et enrichi de figures ; et à la fin, un récit touchant de la naissance de deux jumeaux siamois à Oxford. Astronomie, philosophie, physiologie : on voit qu'à cette époque, un érudit devait encore s'intéresser à de nombreux domaines d'étude différents, comme c'était le cas depuis le Moyen Âge.

Pour mener à bien tout le travail de collecte et de critique des ouvrages, le Journal disposait d'une équipe de rédaction réduite mais efficace : l'abbé Gallois, membre de l'Académie des sciences et de l'Académie française, Madame de Sablé, éminente écrivaine et noble, et De Sallo lui-même. Dans la préface, ils ont clairement indiqué leur méthode : « Personne ne doit trouver étrange de voir ici des opinions différentes des siennes ».

Néanmoins, il arrive que le personnel déroge à ce principe d'impartialité en faisant des faveurs à ses amis, comme lorsque Madame de Sablé permet à François de La Rochefoucauld d'écrire lui-même une critique de son livre nouvellement publié.

Sinon, la critique était souvent efficace. Un jour, dans un numéro du Journal, parut une critique féroce ; elle concernait un livre écrit par le fils de l'illustre médecin Guy Patin. Furieux de la honte qu'on lui faisait, le médecin écrivit une lettre dans laquelle il demandait polémiquement si les rédacteurs avaient « le crédit et l'autorité de critiquer ceux qui n'écrivent pas selon leur goût ». Quoi qu'il en soit, l'accident n'entraîna pas de conséquences immédiates. La protection du ministre garantissait que le personnel pouvait continuer à travailler.

Mais même cela ne suffit plus lorsque le *Journal* se soulève contre l'Église. Cette année-là, l'évêque de Paris, Pierre de Marca, avait écrit un livre sur les opinions religieuses du prédécesseur de Colbert, Richelieu, qui étaient contre le pape. Le livre avait été mis à l'Index Librorum Prohibitorum ; néanmoins, De Sallo en fit l'éloge dans le *Journal*. Cela a soudainement suscité la colère des jésuites, et la pression politique qui s'en est suivie a été trop forte même pour Colbert : finalement, il a dû suspendre le périodique. Guy Patin a sa revanche, et il se réjouit dans une lettre à un ami : « tout cela leur est arrivé par leur propre faute, et à leur propre honte ».

L'activité du *Journal des Savants* n'avait duré que trois mois et treize numéros. Cependant, le ministre est déterminé à poursuivre le projet. Il demande à l'ancienne équipe de rédaction de se remettre au travail, mais De Sallo s'efface ; l'abbé Gallois devient le nouveau directeur.

Le *Journal des Savants* reprend sa publication dès l'année suivante, et une nouvelle préface renouvelle son intention de manière plus mitigée : « L'interruption de ce *Journal* n'a fait que le rendre plus désiré. Cependant, puisqu'on nous a reproché d'être trop critiques, nous nous engageons à faire dorénavant un meilleur travail ».

Les Philosophical Transactions

À Londres, la Royal Society, après sa fondation, s'est dotée d'une organisation interne. Le premier secrétaire fut choisi pour être Henry Oldenburg, en raison de ses précieuses compétences de diplomate et de l'étendue internationale de sa correspondance privée ; Robert Boyle devint son premier assistant.

Au cours des années suivantes, Oldenburg réfléchit à un moyen de renforcer le rôle de la Royal Society dans la communauté scientifique et en parle à Boyle. Il voulait profiter de ce que ses correspondants lui écrivaient pour créer un bulletin d'information mensuel, contenant toutes les dernières réalisations scientifiques effectuées en Europe, et vendre les abonnements aux personnes érudites.

Même s'il y croyait, le projet n'a jamais vu le jour. Tout d'abord, le coût estimé d'un abonnement était trop élevé : 8 £ par an, soit l'équivalent de 1020 € aujourd'hui, le prix d'un cheval à l'époque. Ce coût était d'autant plus élevé qu'Oldenburg avait prévu d'écrire personnellement à chaque abonné - ce qui était encore concevable à l'époque. Mais son ami Boyle lui a fait comprendre que tout le monde aurait alors préféré la commodité d'un service distribué sous forme imprimée. En fait, pour la même somme d'argent, il aurait été plus pratique de trouver davantage d'abonnés prêts à payer une cotisation annuelle abordable de 10 shillings (environ 60 € aujourd'hui). Mais à part cela, il est probable que peu d'érudits auraient été prêts à diffuser leurs travaux sans savoir qui les aurait lus, s'exposant ainsi au risque de plagiat.

Oldenburg n'a cependant pas abandonné l'idée, et il a fini par mieux la développer. Comme il était encore en contact avec des amis qu'il connaissait en France, il apprit la publication prochaine du *Journal des Savants*. Curieux de voir par lui-même ce que c'était, il s'est fait envoyer quelques exemplaires dès sa parution. En feuilletant ses pages, il a été inspiré, et il a voulu le montrer aussi à Boyle. C'est alors qu'il a eu une nouvelle idée : il aurait transformé son ancien projet de bulletin d'information en une publication officielle de la Royal Society, comme le Journal des Savants, mais en se concentrant uniquement sur les découvertes scientifiques et en laissant de côté les autres domaines d'étude.

En outre, le *Journal* demandait à ses lecteurs de contribuer eux-mêmes au contenu, en envoyant leurs projets et leurs lettres pour solliciter la collaboration de leurs collègues. La correspondance privée entre savants était en effet une habitude courante; mais Henry Oldenburg, au cours de son service en tant que diplomate, avait rassemblé une longue liste de contacts illustres que personne d'autre dans la communauté scientifique ne pouvait égaler.

Le secrétaire a donc écrit à tous ceux qui pourraient être intéressés par le partage de leurs découvertes scientifiques, et il a reçu de nombreuses réponses. L'une d'elles était un long récit fait par un officier de la marine sur une route qu'il avait trouvée grâce aux horloges à pendule, qui à l'époque étaient encore utilisées dans la navigation en mer parce que leur oscillation changeait à différentes latitudes. En lisant cela, Oldenburg s'est souvenu d'une autre de ses anciennes connaissances : Christiaan Huygens, l'astronome qui avait inventé les pendules. Il lui écrit immédiatement, lui envoyant également une copie du compte-rendu. Celui-ci lui répond en exprimant sa surprise quant au succès de la mission, et il informe également ses collègues des derniers développements de son invention.

Après avoir été rassemblées, toutes les lettres ont été éditées et rassemblées.

Enfin, le lundi 6 mars 1665, soit exactement trois mois après le premier numéro du *Journal des Savants*, la Royal Society publie sa revue, les *Philosophical Transactions*. Son nom suggère que son origine réside dans la correspondance entre ceux qui étudiaient la science, que l'on appelait encore à l'époque la philosophie naturelle. De plus, contrairement à un bulletin d'information, le périodique comportait une date sur la couverture, ce qui protégeait les contributeurs contre le plagiat.

Certains contenus du premier numéro des *Philosophical Transactions* étaient communs à ceux du *Journal*, comme la présentation du livre de l'astronome Giuseppe Campani ; mais au lieu de viser la variété, Oldenburg ne publiait que des contenus concernant les sciences naturelles. Les lettres de ses amis faisaient la véritable valeur du périodique.

Celle écrite par Huygens a même été imprimée telle quelle. Si l'on regarde de près, la lettre est une critique faite par un expert sur une découverte faite par un collègue. Il s'agit bien d'un système rudimentaire d'évaluation par les pairs, une

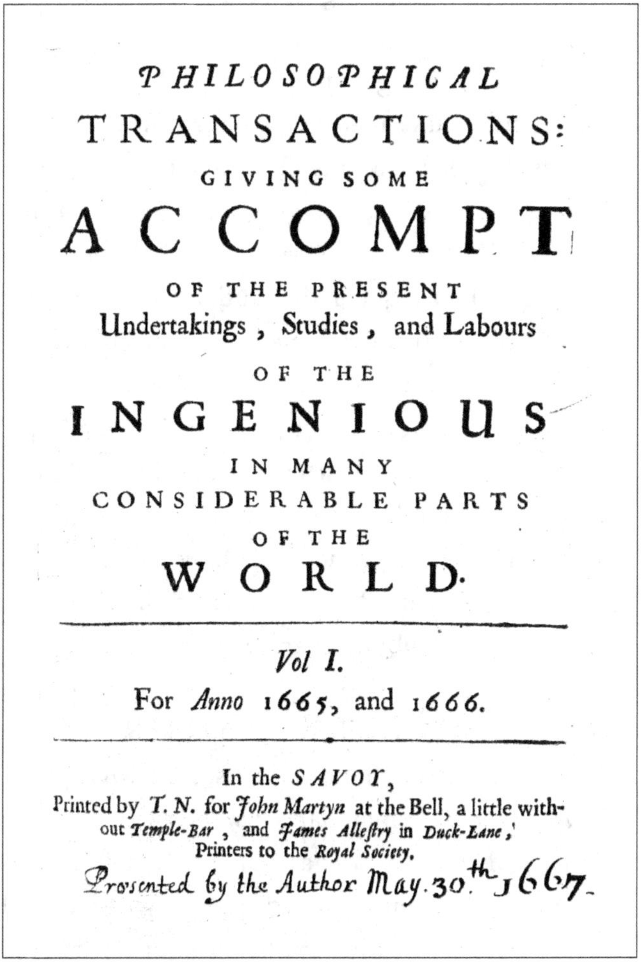

> **PHILOSOPHICAL**
> **TRANSACTIONS:**
> GIVING SOME
> **ACCOMPT**
> OF THE PRESENT
> Undertakings, Studies, and Labours
> OF THE
> **INGENIOUS**
> IN MANY
> CONSIDERABLE PARTS
> OF THE
> **WORLD.**
>
> *Vol* I.
> For *Anno* 1665, and 1666.
>
> In the *SAVOY*,
> Printed by *T. N.* for *John Martyn* at the Bell, a little without *Temple-Bar*, and *James Alleftry* in *Duck-Lane*,
> Printers to the *Royal Society*.
> *Presented by the Author* May. 30ᵗʰ 1667.

FIGURE 4.3. Volume rassemblant l'intégralité de la première année des *Philosophical Transactions* (1665-1666).

pratique fondamentale de la méthode scientifique dont Henry Oldenburg est considéré comme le père.

Avant Oldenburg, cependant, quelqu'un d'autre avait pensé à une méthode permettant aux scientifiques de vérifier le travail entre eux. À l'époque du califat abbasside, à Bagdad, un médecin arabe du nom d'Al Ruhawi a écrit le livre *Éthique de la médecine*, dans lequel il demandait à ses collègues de constituer un dossier médical pour chaque patient, afin qu'en cas de décès, il puisse être examiné par les autres médecins, et s'ils jugeaient médiocre le travail réalisé par leur collègue, celui-ci pouvait également être mis à mort.

Aujourd'hui, la pratique de la révision par les pairs est différente de la méthode d'Al Ruhawi et de celle d'Oldenburg. Par exemple, l'évaluation par les pairs est effectuée avant la publication de tout article scientifique, et non après, comme c'était le cas initialement dans les *Philosophical Transactions*. L'examen par les pairs est en effet une méthode de contrôle de la qualité : lorsqu'un directeur doit publier un article dans son périodique, il envoie un projet à un examinateur, qui vérifie qu'il n'y a pas d'erreurs. Comme le réviseur travaille généralement dans le même domaine que l'auteur, ils sont collègues, d'où le nom d'évaluation par les pairs.

5.
LA FIN DE L'AUTORITÉ

LES SCIENTIFIQUES, AYANT DÉSORMAIS abandonné l'autorité aristotélicienne, ont confirmé les théories de Copernic et ont également fait de nouvelles découvertes.

Mais sans référence à une théorie aussi connue, ils risquaient de s'aliéner même le grand public. Certains intellectuels de l'époque, également auteurs littéraires, se chargent alors d'expliquer les dernières innovations scientifiques à leur entourage (les nobles, surtout), et s'inspirent pour cela de Cicéron et de Galilée, en utilisant leur méthode : le dialogue.

Certains ont connu le succès et la reconnaissance, mais d'autres, encore une fois, ont été censurés.

La pluralité des mondes

Bernard de Fontenelle était le fils d'un avocat et le petit-fils de Pierre Corneille, le célèbre poète français. Dans sa ville natale de Rouen, il tente d'étudier le droit afin d'aider un jour son père dans son entreprise, mais à l'âge de 20 ans, il abandonne l'université et s'installe dans la capitale, où il peut travailler comme auteur dramatique grâce à la renommée de son oncle. Cependant, il n'a pas eu beaucoup de succès.

Pendant cette période de malchance, Fontenelle a dû trouver un livre de René Descartes intitulé Le monde. Il s'agit d'un livre que le philosophe avait écrit bien plus tôt mais dont la publication avait été retardée en raison du scandale provoqué par la condamnation de Galilée, car Descartes y décrivait la Terre et sa place dans l'univers telle qu'elle avait été conçue par Copernic.

À l'époque de Fontenelle, cependant, cette théorie, bien que toujours controversée, était devenue moins scandaleuse parmi les ecclésiastiques et était généralement acceptée par les spécialistes. Par exemple, si nous ouvrons un dictionnaire de 1690, le *Dictionnaire universel* d'Antoine Furetière, sous la rubrique « soleil », nous lisons :

> SOLEIL. *s. m.* Le grand luminaire qui éclaire le monde, la plus brillante des sept Planètes. Le Soleil est au centre du monde, ou du moins est au centre

de nôtre sisteme. Quelques-uns croient que les étoiles fixes sont autant de Soleils qui régissent d'autres systèmes de Planètes qui nous sont inconnues.

Comme nous pouvons le constater, cette définition comporte effectivement quelques erreurs, mais aussi des avancées notables par rapport à la théorie d'Aristote. Par exemple, le Soleil est toujours considéré comme une planète et non comme une étoile, mais il est placé au centre du système solaire. Et à la fin de la définition, il est également fait mention de ceux qui croient qu'il existe de nombreux autres systèmes stellaires comme le nôtre : ce sont les coperniciens. Ils ont évidemment suivi la théorie du grand astronome, mais l'ont aussi poussée à l'extrême.

L'un d'eux était Giordano Bruno, qui croyait en la pluralité des mondes : « La lune n'est pas plus dans le ciel pour nous que nous ne le sommes pour la lune. » Pour cette croyance, il a été mis à mort. Fontenelle, lui aussi, est devenu copernicien après avoir lu *Le monde* de Descartes.

Cependant, il doit se rendre à l'évidence que, contrairement à son oncle, il n'est pas doué pour écrire des tragédies, et il décide finalement d'abandonner la scène. Mais il n'a pas abandonné la littérature. Il a eu l'idée d'écrire quelque chose à partir de ce qu'il avait appris de Descartes. Le résultat est un livre intitulé *Entretiens sur la pluralité des mondes* (1686).

Dans la préface, Fontenelle se compare à Cicéron. On pourrait penser qu'il veut raconter la science en français comme le grand orateur l'avait fait en latin avec la philosophie grecque, mais ce n'est pas le cas : après Galilée, de nombreux autres grands scientifiques ont écrit dans leur propre langue, comme Descartes lui-même. Par ailleurs, le *Journal des Savants*, outre ses revues littéraires, proposait quelques comptes rendus sur les récentes inventions et découvertes scientifiques. Il n'était donc pas nécessaire d'écrire sur la science en français.

Se comparant à Cicéron, Fontenelle veut l'imiter non pas parce qu'il a changé le langage de la science, mais parce qu'il a changé ce qui est lié au langage : le public. Comme il l'écrit dans la préface : « J'ai essayé de traiter la science d'une manière qui ne soit ni trop dure pour les gens du monde, ni trop frivole pour les savants. »

En effet, plutôt que d'être écrit en français, le livre de Fontenelle est écrit sous forme de dialogue, comme le suggère également le titre. Cela aussi était une inspiration de Cicéron. Et comme dans *De finibus bonorum et malorum*, Fontenelle apparaît à la première personne dans le récit. Cette fois, l'auteur n'est pas l'hôte, mais l'invité d'une amie, une marquise anonyme. Comme Fontenelle était un homme du monde, peut-être l'auteur s'est-il inspiré d'une de ses connaissances réelles, comme peut-être l'ensemble du livre s'inspire-t-il aussi d'une conversation réelle qu'il a eue au cours de ses nombreuses soirées parisiennes.

Ainsi, dans les *Entretiens*, les deux protagonistes conversent au cours d'une série de rencontres qui ont lieu dans l'agréable jardin de la villa de la marquise, à la tombée de la nuit (les chapitres sont intitulés « soirées »). Fontenelle raconte à son amie les merveilles de l'univers telles qu'elles sont décrites par Copernic et Descartes. Elle l'écoute avec étonnement, mais ne croit d'abord pas ce qu'on lui dit.

« Comment est-il possible, dit la marquise, que nous nous déplacions autour du Soleil si, chaque matin, nous nous réveillons au même endroit que celui où nous nous sommes couchés le soir ?

— C'est comme quand on s'endort sur un bateau qui navigue sur une rivière, son ami répond. On se retrouve à la même place par rapport aux autres parties du bateau

— Mais je constaterais aussi que le rivage a changé : cela signifie que le bateau a bougé ! Ce n'est pas le cas de la Terre

— Non, madame, dit Fontenelle. Si vous regardez le ciel nocturne au-delà de toutes les autres planètes, vous verrez les étoiles fixes : c'est notre rivage. Si la Terre était immobile, nous verrions toujours les mêmes étoiles la nuit; mais ce n'est pas le cas. Au cours d'une année, nous pouvons voir apparaître différentes étoiles là où le Soleil se trouvait pendant la journée. C'est le Zodiaque. »

Pour mieux clarifier ce concept difficile, Fontenelle vient d'utiliser une métaphore.

Comment on fait des métaphores

Une métaphore consiste généralement en une comparaison entre deux éléments : le premier est un élément connu, le second est un élément que l'on ne connaît pas encore ou que l'on voudrait mieux connaître. Ainsi, pour faire une métaphore, nous avons précisément besoin de ces deux éléments.

Prenons l'exemple de la métaphore de Fontenelle. Dans le cas de la Terre, nous avons quelque chose qui nous est inconnu, mais que nous voulons mieux connaître : nous voulons expliquer comment il est possible que la Terre bouge. Nous pouvons dresser une liste rapide de toutes les caractéristiques de la Terre qui nous viennent à l'esprit. La Terre est ronde, grande, faite de roches, elle bouge, etc.

Commençons à réfléchir au deuxième élément. Il doit s'agir de quelque chose qui est plus facile à comprendre ou qui partage une caractéristique avec le premier élément. Dans ce cas, Fontenelle a proposé l'idée d'un bateau : c'est bien, car même si nous n'avons jamais eu l'occasion de voyager sur un bateau, nous pouvons facilement nous imaginer le faire. Puis, à nouveau, nous dressons une liste : le bateau est long, il est en bois, il bouge, etc.

En formulant la métaphore, nous choisissons une caractéristique de l'objet que nous connaissons (le deuxième élément) et l'appliquons implicitement à l'élément que nous ne connaissons pas (le premier élément). Nous pourrions dire que nous la transportons, et c'est bien là le sens étymologique du terme « métaphore ».

Nous pouvons représenter ce processus par un diagramme. Nous avons deux cercles ; le premier représente toutes les caractéristiques du premier élément (dans notre cas, la Terre), tandis que le second représente celles du second élément (le bateau). En faisant la métaphore, les deux cercles se chevauchent partiellement (Fig. 5.1).

Pour traduire ce schéma en mots, dans la métaphore de l'exemple, une caractéristique du bateau (le fait qu'il bouge) a été sélectionnée parmi d'autres et appliquée à la Terre. Ainsi, le sens que cette métaphore veut exprimer est : « la Terre se déplace comme un bateau sur une rivière ». La comparaison est en fait implicite car ce dont parle la métaphore n'est que le premier élément, l'inconnu,

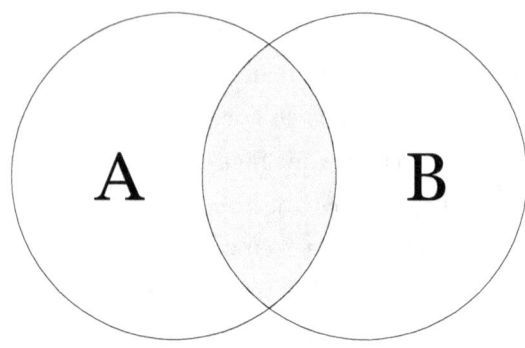

Figure 5.1. Comment fonctionne une métaphore.

tandis que le transfert ne se fait que mentalement ; c'est là que réside l'efficacité de la métaphore : l'auditeur effectue lui-même la comparaison. Pour s'en convaincre, il suffit de constater que le verbe « bouger » n'est pas utilisé pour décrire ce que fait la Terre : c'est un concept qui émerge spontanément de la juxtaposition de deux éléments habituellement sans rapport.

La différence entre une métaphore et une simple comparaison réside dans le fait que, en théorie, une métaphore ne doit pas expliciter la caractéristique commune et, pour cette raison, est considérée comme un moyen d'expression plus artistique qu'une comparaison. Cependant, dans l'explication d'un concept scientifique, le but de la métaphore est de le comprendre, il n'est donc pas important de rendre la caractéristique commune explicite ou de laisser le public la deviner. En ce sens, on peut généralement parler de métaphores sans les distinguer de simples comparaisons, comme on le fait dans le langage courant.

Plus les deux objets ont de caractéristiques en commun, plus la métaphore est efficace, mais il y a toujours une limite. Notez que dans le diagramme, les deux cercles ne se recouvrent pas complètement. Reprenons l'exemple.

Dans le dialogue, la marquise affirme que, depuis un bateau, elle pouvait voir le rivage et comprendre que le bateau se déplaçait ; en d'autres termes, elle introduit une autre caractéristique qui n'était pas présente initialement dans la métaphore. Mais cela n'inquiète pas Fontenelle, qui trouve immédiatement ce qui correspond au rivage par rapport à la Terre, à savoir le Zodiaque. La métaphore a réussi car elle a permis d'en savoir plus sur la Terre.

Mais il ne faut pas non plus prendre une métaphore trop littéralement. Comme nous l'avons vu, il peut y avoir beaucoup d'autres caractéristiques communes entre la Terre et un bateau, mais nous devons faire attention à celles qui ont de la valeur. Par exemple, puisque la Terre se déplace comme un bateau, cela signifie-t-il qu'elle coule sur un fluide ou qu'un vent la propulse ? Apparemment pas. Une métaphore a en effet ses limites, et il faut juste en être conscient.

L'ensemble du livre Entretiens sur la pluralité des mondes est très riche en métaphores, et c'est ce qui le rend si clair. Dans la préface, Fontenelle dit qu'il a voulu traiter des sujets scientifiques d'une manière qui ne soit pas du tout scientifique. Mais comme il était aussi un homme modeste, il avoue qu'il n'est pas sûr d'avoir fait du bon travail. "Il se peut, dit-il, qu'en essayant d'adapter la science à tout le monde, il ait réussi à trouver une voie qui ne convient à personne."

Ce ne fut pas le cas : après sa publication, le livre a connu un grand succès. Fontenelle a également été admis parmi les 40 membres de l'Académie

Cependant, il n'a jamais abandonné son travail : même à l'âge de 80 ans, il a continué à apporter des modifications au texte qu'il avait commencé à écrire à l'âge de 27 ans. Son objectif était de créer une œuvre littéraire parfaite qui perdurerait pendant des siècles.

Dans la dernière édition des *Entretiens*, il a même ajouté un chapitre supplémentaire, plus long que tous les autres, qui sert de conclusion.

Le sixième et dernier soir, Fontenelle revient à la villa de la marquise, quelque temps après leur précédente conversation. En entrant dans le jardin, il croise le chemin de deux autres hommes qui

Figure 5.2. Fontenelle raconte à son amie les merveilles de l'univers telles que décrites par Copernic et Descartes.

sortent, discutant entre eux avec beaucoup d'amusement. A la porte, la marquise le salue et lui raconte ce qui vient de se passer alors qu'ils commencent à marcher ensemble, comme les autres fois. Ces deux invités étaient deux membres respectables de la société ; elle les avait accueillis, ils avaient entamé une conversation et lorsqu'ils avaient parlé des planètes et des étoiles, elle avait mentionné Copernic. À son grand étonnement, les deux personnes ne l'ont pas prise au sérieux et sont parties.

Fontenelle comprend et lui révèle que lui-même ne dit pas qu'il est copernicien à tout le monde : seulement à ceux en qui il a vraiment confiance. C'est le prix à payer pour vivre dans une société sans trop de problèmes. Une drôle de façon de vivre pour quelqu'un qui a écrit un livre qui tente d'adapter la science à tout le monde. Mais d'une certaine manière, c'est aussi ce que son maître avait fait. Et, contrairement à Giordano Bruno, il a reçu de nombreux honneurs et a également vécu une vie longue et paisible : il est mort à l'âge de 99 ans.

Newtonianisme pour les dames

Deux siècles après la venue de Copernic à Bologne en tant qu'étudiant, l'astronomie était devenue l'une des matières principales de l'université.

Descartes avait pris la place d'Aristote, et de nombreux autres astronomes et étudiants venus de tous les États unis d'Italie de l'époque se réunissaient dans la ville. L'un d'eux était Francesco Algarotti, l'un des nombreux fils d'une famille noble de la République de Venise.

Pendant ses cours d'astronomie, le jeune homme fait preuve de talent et de perspicacité, et l'un des professeurs, Francesco Maria Zanotti, est réellement impressionné. Il a donc voulu prendre l'étudiant sous son toit et l'initier à une découverte plus récente, la théorie de la lumière de Sir Isaac Newton.

Plusieurs années auparavant, Newton avait été étudiant au Trinity College, à Cambridge, et était effectivement très brillant : les professeurs étaient tellement impressionnés par ses capacités en mathématiques et en physique qu'ils lui ont offert le titre de professeur dès qu'il a obtenu son diplôme. Cependant, l'université a dû fermer ses portes en raison d'une terrible peste et Newton a dû retourner temporairement dans sa ville natale. Au cours de ces années, il a étudié de près le phénomène de la lumière et a également réalisé quelques expériences pour prédire son comportement. Il a pris note de ses découvertes, puis les a développées dans son essai intitulé *Opticks*.

Le livre était presque prêt, il ne manquait plus qu'un éditeur. Lorsque le projet est parvenu à la Royal Society, il a suscité une certaine controverse en raison de ses conclusions. L'un des membres, l'éminent physicien Robert Hooke, rejeta le manuscrit et critiqua sévèrement l'auteur. Newton l'a détesté depuis. Robert Hooke n'avait rien de personnel contre Newton, mais il s'est retrouvé à débattre avec lui quelques années plus tard. Après que Newton ait formulé ses célèbres lois de la gravitation, Hooke a affirmé qu'il avait été plagié dans certains passages. Dans une tentative de réconciliation, la Royal Society a proposé à Newton de publier *Opticks* à condition qu'il accorde le crédit à Hooke, mais Newton a refusé. Ce n'est qu'après la mort de Hooke que Newton a accepté d'être membre de la Royal Society, dont il est même devenu le président.

Bien des années plus tard, à Bologne, Algarotti découvre Newton sur les conseils de Zanotti, et lit *Opticks* de son propre chef, tentant même de répéter les expériences qui y sont décrites : comme Newton, il se rend dans une pièce vide et ferme toutes les sources de lumière, à l'exception d'un minuscule trou dans une fenêtre, par lequel passe un mince rayon de soleil, pointé sur la surface d'une table. Sur cette table, au point d'impact de la lumière, il a ensuite placé un prisme de verre triangulaire, le même instrument utilisé par Newton. Algarotti, voyant ce qui se passe, est stupéfait.

Il s'est alors demandé s'il ne pourrait pas lui aussi écrire un livre sur la nouvelle théorie de la lumière, afin que d'autres étudiants et personnes instruites puissent en savoir plus. Cependant, son professeur Zanotti l'a dissuadé d'entreprendre une tâche aussi difficile.

Pendant ce temps, les autres professeurs continuent à lui enseigner l'ancienne théorie de Descartes. Mais après avoir lu Newton, Algarotti s'ennuie de plus en plus pendant les cours à l'université et finit par l'abandonner.

Il a ensuite également lu certains des livres de Galilée, qui ont été réimprimés un siècle après sa mort ; et dès qu'il a appris cette affaire, il a été déçu par la façon dont son pays avait traité un si grand scientifique. Il s'est mis à rêver de l'Europe, où il avait entendu dire que la science était plus dynamique qu'en Italie. Ainsi, comme beaucoup d'autres nobles de l'époque qui pouvaient se permettre de s'absenter de chez eux pendant une longue période, il est parti en voyage dans les principales villes du continent.

À Londres, il a pu rencontrer certains membres de la Royal Society et le neveu de Sir Isaac Newton. Il a également amélioré son anglais par la littérature, en lisant les poèmes d'Alexander Pope et aussi les *Voyages de Gulliver* de Jonathan Swift, qu'il a loué plusieurs fois dans ses écrits pour son humour subtil.

À Paris, Algarotti participe toujours aux événements les plus élégants de la ville, où il peut montrer son érudition et son esprit. Il se fait connaître en écrivant quelques pamphlets en français contre les détracteurs de Newton ; mais il rencontre aussi le plus éminent disciple de Descartes, l'aîné Bernard de Fontenelle. Il a donc eu l'occasion de lire les *Entretiens* et les a beaucoup appréciés.

Séjournant en France, il fut finalement atteint par la renommée du grand philosophe Voltaire et, ayant entendu dire que lui aussi était un partisan de Newton, il était curieux de le rencontrer en personne, il lui écrivit donc. Heureux d'avoir trouvé un jeune homme intéressé par les nouvelles découvertes de la science, Voltaire accepte de le rencontrer. Les deux hommes se sont finalement rencontrés au château de Cirey, la villa de la maîtresse de Voltaire, la talentueuse physicienne Madame du Châtelet.

Voltaire s'y cachait pour échapper à quelques persécuteurs politiques, et entre-temps il prenait des leçons chez Madame du Châtelet sur la théorie de Newton ; une occasion qui ressemblait un peu, en sens inverse, à celle décrite dans les *Entretiens* de Fontenelle. Le couple se lie immédiatement d'amitié avec le jeune Algarotti et Madame lui propose de rester pour qu'il puisse lui aussi assister à ses conférences. Lorsqu'il accepte, Voltaire est heureux de lui montrer un autre de ses projets : un essai sur Newton. Algarotti a lu le premier projet avec intérêt. Puis, au fil des jours passés à Cirey entre étude et conversation joyeuse, il a voulu rejoindre son ami dans une entreprise similaire. Depuis qu'il était étudiant à Bologne, il pensait à un livre sur Newton, et c'était la bonne occasion de lui donner forme.

Les deux hommes ont travaillé ensemble pendant des mois, échangeant des chapitres terminés et partageant des suggestions. Finalement, Voltaire achève ses *Éléments de la philosophie de Newton* (à l'époque, « philosophie » signifiait encore « science ») ; Algarotti termine le livre intitulé *Newtonianisme pour les dames* (1737).

Voltaire a écrit un long essai articulé pour expliquer la théorie complexe de la lumière à un large public, mais aussi pour mieux la comprendre lui-même. Celui d'Algarotti était complètement différent. Il s'agissait d'une histoire écrite sous forme de dialogue, dans laquelle l'auteur lui-même apparaissait comme un invité dans la belle villa d'une aimable marquise... En fait, elle ressemblait beaucoup aux *Entretiens* de Fontenelle – mais l'auteur y expliquait la théorie de Newton au lieu de celle de Descartes.

Algarotti a rendu hommage à Fontenelle en lui dédiant tout le livre et en faisant son éloge dans une lettre qu'il a placée en guise de préface. Il dit à l'homme qui l'a inspiré : « Vous êtes le seul à avoir ramené la science des cabinets solitaires des savants aux cercles de dames. » Madame du Châtelet, qui avait lu tout le *Newtonianisme*, lui a fait une plaisanterie parce qu'elle avait d'abord cru que la marquise était elle – mais apparemment Algarotti avait choisi le vieux Fontenelle !

Le livre s'ouvre sur les deux protagonistes qui se promènent dans le jardin de la villa de la marquise, puis s'assoient sous un arbre pour lire des poèmes. Après avoir fait apprécier à la marquise quelques vers d'Alexandre Pope, Algarotti lui avoue qu'il a aussi écrit quelque chose. Elle le supplie de lire, et Algarotti ouvre son cahier. Son petit poème est dédié à Laura Bassi, la première femme diplômée en physique de l'université de Bologne, experte de la théorie de la lumière de Newton. Algarotti lit à haute voix et, en parlant de la lumière, il la décrit par le mot « settemplice » ; à ce moment-là, la marquise l'arrête et lui demande ce qu'il signifie. Elle plaisante ensuite : « Vous avez dédié votre poème à une dame, mais une autre dame ne pouvait pas le comprendre ! »

FIGURE 5.3. Francesco Algarotti raconte à la marquise les découvertes de Newton sur la lumière.

Un peu gêné, Algarotti doit l'expliquer, mais pour le faire, il doit exposer tout ce qu'il sait sur Newton. Un discours scientifique trouve souvent son origine dans l'explication d'un mot difficile que le public ne comprend pas.

Avant de présenter Newton, Algarotti fait un bref exposé sur l'histoire des découvertes scientifiques : il fait d'abord l'éloge de Galilée, puis parle de Descartes, en particulier de sa théorie de la lumière. La lumière, selon Descartes, est composée de particules microscopiques qu'il appelle globules ; les globules de lumière remplissent tout l'espace disponible, se poussant les uns les autres par pression. Avec une métaphore efficace, Algarotti dit que Descartes considérait un rayon de lumière comme une lance : si on pousse une lance sur le manche, la pointe bouge aussi.

Cependant, si cela était vrai, cela créerait un problème. Dans ses *Éléments*, Voltaire le montre avec un schéma représentant deux yeux humains fixant deux couleurs différentes sur un mur. Si Descartes a raison, les deux lignes de globules provenant des deux points devraient se croiser au point A (Fig. 5.4).

Mais si c'était le cas, les globules sur les lignes devraient se mélanger, ou une ligne devrait bloquer l'autre. Pour reprendre la métaphore d'Algarotti, deux lances ne peuvent pas se croiser en leur

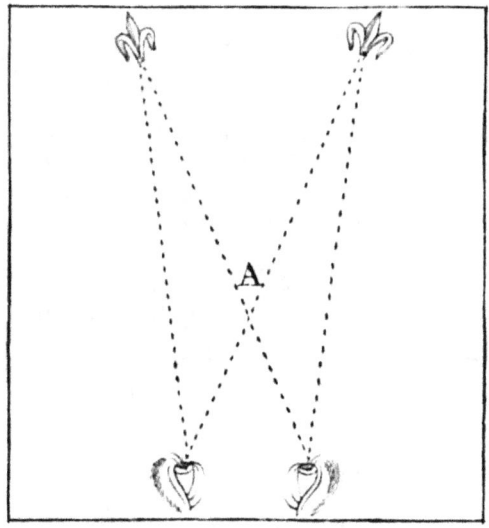

FIGURE 5.4

milieu. Alors comment est-il possible de voir deux couleurs distinctes sur un mur ?

Dans *Newtonianisme pour les dames*, Algarotti l'explique encore mieux et sans schéma en réalisant une expérience avec la marquise. De retour dans la villa, les deux hommes entrent dans une galerie de tableaux et s'arrêtent devant un grand tableau. L'hôte invite son ami à se tenir dans un coin à l'opposé de la pièce, tandis qu'il se tiendra dans celui qui se trouve juste à côté. Il dit ensuite à la marquise de regarder le manteau rouge représenté sur un côté du tableau, en fermant un œil et en regardant à travers la pointe d'un chandelier posé sur une table au centre de la pièce, comme s'il visait un fusil. Il fait la même chose, mais en visant la mer de l'autre côté du tableau. Ainsi, ils regardent deux points différents du tableau, mais à travers un point commun. Puis Algarotti explique à la marquise que les globules de lumière provenant de la mer doivent aller dans son œil, tandis que ceux provenant du manteau doivent aller dans le sien. A la pointe de la bougie, par laquelle elles pointent toutes deux, il doit y avoir un globule qui pousse les deux lignes. Mais c'est impossible, dit Algarotti à la marquise, car ce serait comme si vous parcouriez deux routes en même temps. Une autre métaphore.

L'explication de la théorie de Descartes peut sembler superflue, mais elle est en fait essentielle pour comprendre pourquoi il s'est trompé. Ce n'est qu'à ce moment-là qu'Algarotti raconte à la marquise l'expérience qu'il a faite avec un rayon de lumière dans une pièce sombre. Voltaire, quant à lui, utilise un autre schéma (Fig. 5.5) dans ses *Éléments* qui montre une personne (le lecteur) dans une chambre tout à fait obscure.

Voltaire fournit directement au lecteur les instructions pour réaliser correctement l'expérience lui-même : « Exposez transversalement à un rayon de lumière ce prisme de verre. Si la lumière ne se brisait pas ainsi, elle irait de ce trou tomber sur

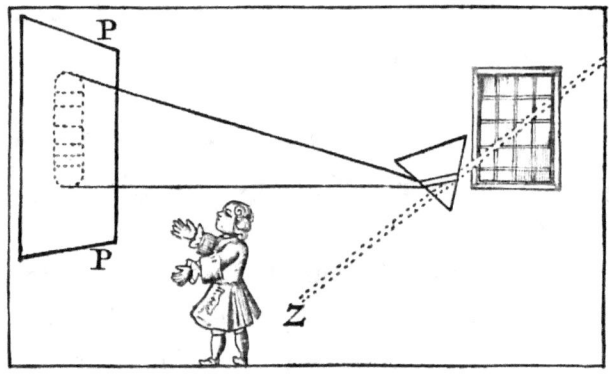

Figure 5.5

le plancher de la chambre Z. Mais, comme il faut que la lumière en s'échappant s'éloigne de la ligne Z, cette lumière ira donc frapper le papier P. C'est là que se voit tout le secret de la lumière et des couleurs. »

En effet, comme Newton l'avait découvert, un rayon lumineux traversant un prisme triangulaire se divise en sept couleurs, qui dans la feuille de papier sont (de haut en bas) le violet, l'indigo, le bleu, le vert, le jaune, l'orange et le rouge.

C'est pourquoi Algarotti, au début de son livre, utilise le terme « settemplice » pour décrire la lumière : la lumière est composée de sept couleurs. Le mot (dérivé du latin *septemplex*) suit le même schéma que l'adjectif *multiplex*, composé de *multus* + *-plex*, un suffixe dérivé du verbe latin *plicare* « plier », qui peut également désigner l'action de plier et de déplier quelque chose sur lui-même, comme un éventail ou la feuille d'un palmier. Au lieu de l'adverbe *multus*, on utilise le chiffre *septem*. Ainsi, tout comme le mot *multiplex* signifie « déployé plusieurs fois », le mot « settemplice » signifie « déployé sept fois ». Par exemple, dans les *Métamorphoses* du poète latin Ovide (livre 5, v. 187), le fleuve Nil est dit *septemplex*, car son delta avait alors sept embouchures. (Aujourd'hui, après que le cours du fleuve ait été modifié de diverses manières, le delta est divisé en deux branches principales, la branche de Rosetta à l'ouest, et la branche de Damiette à l'est).

Le fait que la lumière soit composée des différentes couleurs signifie également qu'elles ne sont pas une caractéristique des objets, mais de la lumière qui les frappe. Ainsi, Algarotti propose une autre métaphore : la lumière ne fonctionne pas comme une lance que l'on enfonce sur un poteau; au contraire, un rayon de lumière est comme un fil composé de fils plus petits des sept couleurs différentes.

Après sa publication, *Newtonianisme pour les dames* est devenu très populaire, il a été traduit en français et en anglais, et il était même prévu de le traduire en russe. C'était un livre populaire à l'époque; curieusement, seul Voltaire, un ami de l'auteur, a été quelque peu déçu. Il le considérait comme une version italienne bon marché des *Entretiens* ; mais le plus grand défaut était, à son avis, la dédicace à Fontenelle, un vieux partisan de Descartes, qui ne pouvait guère changer d'avis.

En lisant cette critique, Algarotti n'a pas rechigné et a même dit à son ami qu'il travaillait déjà à une deuxième édition dans laquelle il y remédierait. Entre-temps, il est retourné en Italie et a rendu visite au professeur Zanotti à Bologne. Le professeur avait du mal à reconnaître son ancien élève, tant il avait changé depuis son voyage. Le jeune homme raconte qu'alors que toutes les autres nations européennes sont unies par une seule capitale et une seule langue, son pays n'a pas de « glande pinéale » (comme l'aurait appelé Descartes). Il a également déploré que la culture en Italie soit si liée à un passé somptueux mais dépassé. À un ami qui avait acheté des livres à Venise, il a dit : « Je ne serais pas surpris que tu les trouves ennuyeux. » En effet, il se vantait dans la préface du *Newtonianisme* d'être le seul à avoir apporté aux dames quelque chose à lire qui ne soit pas une anthologie de sonnets d'amour ennuyeux.

L'Europe est peut-être le lieu où Algarotti est vraiment à sa place, et où il est également apprécié ; en effet, alors que son livre se répand à l'étranger, traduit en pas moins de trois langues, dans son propre pays il est soudainement censuré : une fois de plus, comme les livres de Galilée, *Newtonianisme pour les dames* est placé à l'Index Librorum Prohibitorum. La motivation officielle est encore inconnue, mais les spéculations vont bon train. Par exemple, il a peut-être été jugé inapproprié de montrer un homme et une femme conversant seuls et flirtant parfois. Ou peut-être s'agissait-il d'une question liée à l'éloge de Galilée, condamné par l'Église, et à la diffusion de la théorie de Newton, qui n'était toujours pas acceptée ; en outre, l'auteur était soupçonné d'être membre de la francmaçonnerie, car il avait voyagé en Angleterre, où d'autres membres nobles de cette société secrète auraient pu l'inviter à y adhérer.

Mais peut-être que *Newtonianisme pour les dames* a été censuré parce que c'était un livre à la fois populaire et provocateur. En effet, même si Voltaire avait plus ou moins raison, il a clairement manqué le but de la dédicace. En dédiant le livre à Fontenelle, membre de l'Académie française, et en réfutant Descartes dans le texte, Algarotti a porté la nouvelle théorie de Newton au cœur de l'académie, remettant ainsi en cause l'autorité scientifique.

C'était peut-être trop, et le livre a été interdit. Cependant, même lorsqu'il a été censuré, Algarotti n'a pas laissé tomber. Il continue à peaufiner le projet de la deuxième édition ; mais entre-temps, il quitte l'Italie et s'installe en Allemagne, où Frédéric II l'accueille à sa cour et lui donne le titre de comte.

Enfin, la nouvelle édition est sortie. Il était très différent du premier, plus précis scientifiquement mais moins littéraire. La dédicace à Fontenelle a été supprimée et remplacée par une nouvelle dédicace écrite en français et adressée à Frédéric II. En outre, le titre a changé : il s'agit désormais de *Dialogues sur l'optique neutonienne*. De cette façon, le nouveau livre était formellement différent de celui mis à l'Index. Apparemment, cela a été suffisant pour contourner la censure.

Le livre et le spectacle

Dans l'histoire de la vulgarisation scientifique, il existe deux métaphores principales représentant l'acte de parler de la nature et de la décrire au public : la métaphore du livre et la métaphore du spectacle.

La métaphore du livre se trouve dans *Il saggiatore* de Galilée. Dans la préface, il dit que la nature est comme un livre écrit en langage mathématique. Ce que Galilée veut faire, c'est établir un parallèle implicite entre le plus important des livres chrétiens, la Bible, et ce qu'il appelle le livre de la nature. Or, la Bible est écrite en latin (du moins dans les traductions les plus courantes à l'époque), et même s'il s'agissait de la langue de la science, elle avait toujours besoin de l'interprétation d'une autorité. En revanche, le langage mathématique dans lequel est écrit le livre de la nature est non seulement universel, mais chacun peut l'apprendre par lui-même. Aucune autorité n'est nécessaire pour lire le livre de la nature.

C'est pourquoi la métaphore du livre peut représenter tous ces ouvrages qui visent à expliquer au lecteur les aspects les plus compliqués de la nature. Un exemple d'un tel livre peut être *Éléments de la philosophie de Newton*, où Voltaire compare la théorie de Descartes à celle de Newton afin de montrer pourquoi cette dernière est juste. L'auteur s'adresse directement au lecteur, le guidant pas à pas à travers des paragraphes clairs et concis, totalement dépourvus de figures rhétoriques ou de formulations compliquées. La seule décoration des mots sont les diagrammes, commentés dans le texte et renvoyés à leurs parties à l'aide de lettres qui font office d'étiquettes (A, B, etc.), afin de ne laisser aucune place à l'ambiguïté dans l'explication.

L'intention principale des *Éléments* est en fait de fournir au lecteur une notion qui peut être immédiatement mise en pratique. Ce livre et les autres ouvrages de ce type sont censés être utiles, et non agréables.

L'autre métaphore de la communication scientifique est celle du spectacle, utilisée par exemple par Fontenelle. Au début des Entretiens sur la pluralité des mondes, l'auteur veut expliquer l'entreprise scientifique à son amie, la marquise. Alors il lui dit : « La nature est un grand spectacle qui ressemble à celui de l'opéra. Du lieu où vous êtes à l'opéra, vous ne voyez pas le théâtre tout-à-fait comme il est ; on a disposé les décorations et les machines, pour faire de loin un effet agréable, et on cache à votre vue ces roues et ces contrepoids qui font tous les mouvements. Aussi ne vous embarrassez vous guère de deviner comment tout cela joue. Au contraire, vous voyez bien que le machiniste qui veut absolument démêler comment ce truc-là a été exécuté est assez fait comme les scientifiques. »

Les livres des vulgarisation qui utilisent la métaphore du spectacle mettent en évidence ce qu'il y a de merveilleux dans la nature d'une manière qui nourrit l'imagination du lecteur, mais aussi sa curiosité. Leur participation n'est pas seulement un divertissement, mais un encouragement à en découvrir d'autres ailleurs. C'est pourquoi les livres de ce type n'ont pas besoin d'être aussi précis que les livres utiles. Ils utilisent généralement des métaphores pour expliquer des concepts difficiles, le langage est riche en images évocatrices, et s'il y a des figures, ce ne sont pas des diagrammes mais de belles illustrations à admirer avec émerveillement. En outre, alors que les livres utiles sont écrits sous forme de monologue, les livres spectaculaires sont souvent écrits sous forme de dialogue. L'auteur d'un dialogue se représente souvent lui-même en train d'expliquer une théorie novatrice à quelque novice, comme les deux marquises dans les *Entretiens* et *Newtonianisme pour les dames*. Mais même dans ces cas, le destinataire ultime du message est le public lecteur, qui participe silencieusement au dialogue et s'identifie aux personnages auxquels l'auteur fournit ses explications.

Après Galilée et Fontenelle, ces deux métaphores ont connu un grand succès en littérature.

La métaphore du spectacle revient dans le vaste ouvrage de l'abbé Pluche intitulé *Le spectacle de la nature*. Il s'agit en fait d'un livre très particulier qui peut être défini comme une encyclopédie écrite sous forme de dialogue. Ses huit volumes traitent de nombreux sujets généraux, classés selon la taille des objets (des insectes aux étoiles), car l'auteur a voulu suivre le même ordre que celui que Dieu a suivi pour créer le cosmos ; cet étrange arrangement est ordonné grâce aux index alphabétiques à la fin de chaque volume. Cette encyclopédie singulière est même sortie quelques années avant l'encyclopédie plus célèbre compilée par Denis Diderot et Jean-François d'Alembert, et bien qu'elle ait été souvent critiquée pour ses inexactitudes par l'un

LE SPECTACLE
DE
LA NATURE,
OU
ENTRETIENS
SUR LES PARTICULARITÉS
DE
L'HISTOIRE NATURELLE,

Qui ont paru les plus propres à rendre les Jeunes-Gens curieux, & à leur former l'esprit.

PREMIÈRE PARTIE,

CONTENANT CE QUI REGARDE les Animaux & les Plantes.

TOME PREMIER.

A PARIS,

Chez les Freres ESTIENNE, rue S. Jacques, à la Vertu.

M. DCC. LIV.

Avec Approbation & Privilège du Roi.

FIGURE 5.6. Premier volume de *Le spectacle de la nature* de l'abbé Pluche (Paris, 1754).

de ses contributeurs (Voltaire, bien sûr), elle a également été citée à plusieurs reprises.

Comme dans tout livre qui vise le spectaculaire, la participation du public est d'une grande importance : dans la préface du premier tome, l'abbé Pluche déclare : « De tous les moyens qu'on peut employer avec succès pour ouvrir l'intelligence aux jeunes gens et pour les mettre de bonne-heure dans l'usage de penser, il n'y en a point dont les effets soient plus surs et plus durables que la curiosité. »

Et pour les aider à mieux s'identifier aux participants au dialogue, l'auteur choisit ses personnages avec soin. Contrairement à Cicéron, qui s'insère dans le récit, ici l'abbé ne prend pas part aux dialogues, mais se contente de faire son intervention dans la préface. Il dit également : « Nous nous trouvons flattés d'apprendre de nos semblables : en les entendant on se croit capable de penser et de s'occuper aussi raisonnablement qu'eux. »

Ainsi, alors que Fontenelle et Algarotti conversaient avec deux femmes nobles, dans *Le spectacle de la nature* on trouve des chevaliers, des comtes, des ecclésiastiques et des bourgeois. En ce sens, la métaphore du spectacle dans le titre du livre représente également la diversité du public qui se réunit au théâtre.

La métaphore du livre se retrouve dans un autre ouvrage de la même époque : *The Microscope Made*

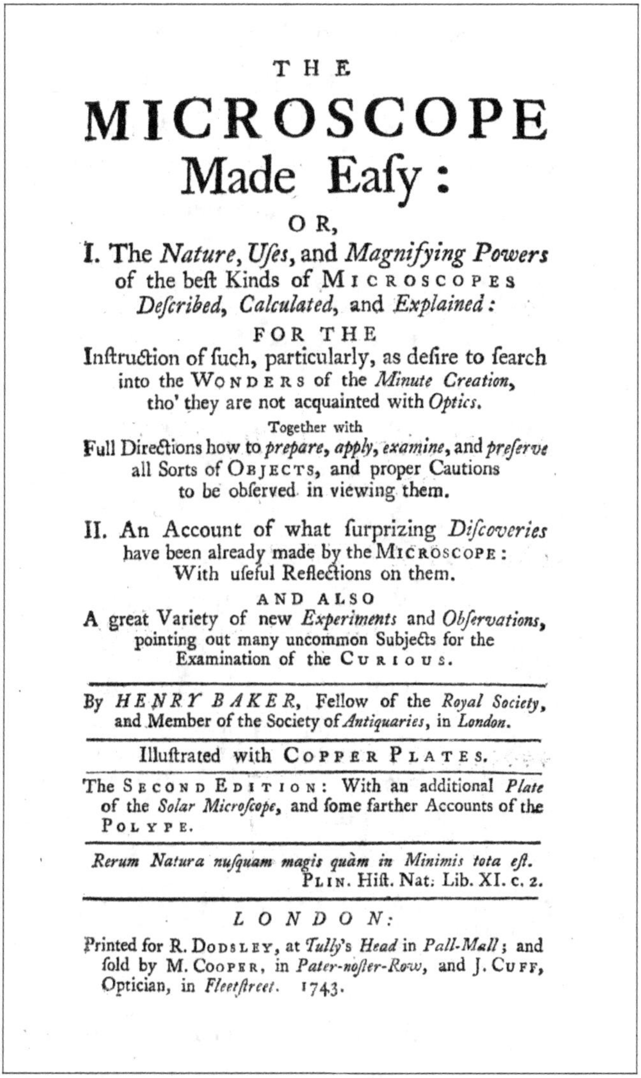

THE

MICROSCOPE
Made Eafy:
OR,

I. The *Nature, Ufes*, and *Magnifying Powers* of the beft Kinds of MICROSCOPES *Defcribed, Calculated*, and *Explained*:

FOR THE

Inftruction of fuch, particularly, as defire to fearch into the WONDERS of the *Minute Creation*, tho' they are not acquainted with *Optics*.

Together with

Full Directions how to *prepare, apply, examine*, and *preferve* all Sorts of OBJECTS, and proper Cautions to be obferved in viewing them.

II. An Account of what furprizing *Difcoveries* have been already made by the MICROSCOPE: With ufeful Reflections on them.

AND ALSO

A great Variety of new *Experiments* and *Obfervations*, pointing out many uncommon Subjects for the Examination of the CURIOUS.

By *HENRY BAKER*, Fellow of the *Royal Society*, and Member of the Society of *Antiquaries*, in *London*.

Illuftrated with COPPER PLATES.

The SECOND EDITION: With an additional *Plate* of the *Solar Microfcope*, and fome farther Accounts of the POLYPE.

Rerum Natura nufquam magis quàm in Minimis tota eft.
PLIN. Hift. Nat. Lib. XI. c. 2.

LONDON:

Printed for R. DODSLEY, at *Tully*'s *Head* in *Pall-Mall*; and fold by M. COOPER, in *Pater-nofter-Row*, and J. CUFF, Optician, in *Fleetftreet*. 1743.

FIGURE 5.7. *The Microscope Made Easy* par Sir Henry Baker (Londres, 1743).

Easy (« Le microscope facile », 1743) de Sir Henry Baker, membre de la Royal Society, qui a écrit un guide pour apprendre aux lecteurs à utiliser l'instrument scientifique sophistiqué inventé un siècle plus tôt et portant le nom proposé par Federico Cesi, fondateur de l'Accademia dei Lincei.

Dans la préface, après la dédicace à ses collègues, Baker déclare : « Les mers et les montagnes, les comètes et les étoiles sont les LETTRES CAPITALES du grand livre de la nature, mais les *lettres minuscules* sont beaucoup plus fréquentes ». Les lettres minuscules sont ici les micro-organismes et les cristaux que l'on ne peut voir qu'à l'aide d'une loupe ; le microscope est considéré comme un outil pour lire le livre de la nature, comme le langage mathématique l'était pour Galilée ; et comme le langage mathématique, l'utilisation du microscope peut être facilement apprise par n'importe qui de façon autonome (ou du moins avec l'aide du livre de Baker). Dans la préface, l'auteur se félicite d'ailleurs que cet instrument, autrefois réservé aux professionnels, soit désormais plus à la portée de toutes les bourses.

La première partie du livre énumère et explique les différents types de microscopes, des plus simples aux plus complexes. En plus du texte, une illustration pleine page de chaque modèle est fournie ; les différents composants sont marqués par des lettres, et leur fonction et utilisation sont décrites en détail. La qualité de ces impressions ne pouvait être obtenue que par des gravures sur cuivre, une technique d'impression précieuse mentionnée dès la couverture pour inciter à l'achat.

L'ancien procédé d'impression d'illustrations par gravure était certes coûteux, mais c'était un art qui produisait des résultats étonnants. Elle se composait de trois étapes : 1) l'artiste gravait l'illustration sur une plaque de cuivre ; 2) il y versait de l'encre et, pour l'étaler uniformément, il tapait la plaque avec un ou deux sacs en cuir souple. Enfin, 3) après avoir imprimé les mots, la feuille de papier était repassée sous la presse, plaçant la plaque encrée sur les pages blanches ou coïncidant avec les larges espaces blancs laissés entre les paragraphes. Autour de ces images, on pouvait généralement voir un halo carré, trace de la pression de la plaque sur laquelle elles avaient été prises.

Dans la deuxième partie de *The Microscope Made Easy*, l'instrument est mis en service : l'auteur s'adresse directement au lecteur et le guide dans la sélection et l'analyse des échantillons, qui sont des objets courants tels que le sel, l'eau de pluie et le poisson. Alors que la préface utilisait une prose somptueuse pour faire l'éloge de la Royal Society, ici le langage est direct et clair. Les illustrations de cette partie représentent les spécimens agrandis et parfois sectionnés ; lorsque l'illustration dépasse le bord de la page, la feuille sur laquelle elle est imprimée est pliée en deux afin que le lecteur n'ait à l'ouvrir qu'en cas de besoin. En fait, ce livre pourrait être lu en même temps que les conseils qu'il contient sont mis en pratique, en tenant le livre sur les genoux pendant qu'on est au microscope.

The Microscope Made Easy, comme il appartient au genre des livres utiles, se situe quelque part entre un texte scientifique avancé et un texte de vulgarisation scientifique, car il s'adresse à un lecteur général sans connaissance du sujet, qui après l'avoir lu doit avoir appris quelque chose. Ceux qui lisent ce type d'ouvrage peuvent commencer à apprendre comme un hobby et, après une période d'auto-apprentissage, peuvent même envisager de se spécialiser dans le domaine. De nombreux scientifiques ont commencé de cette manière.

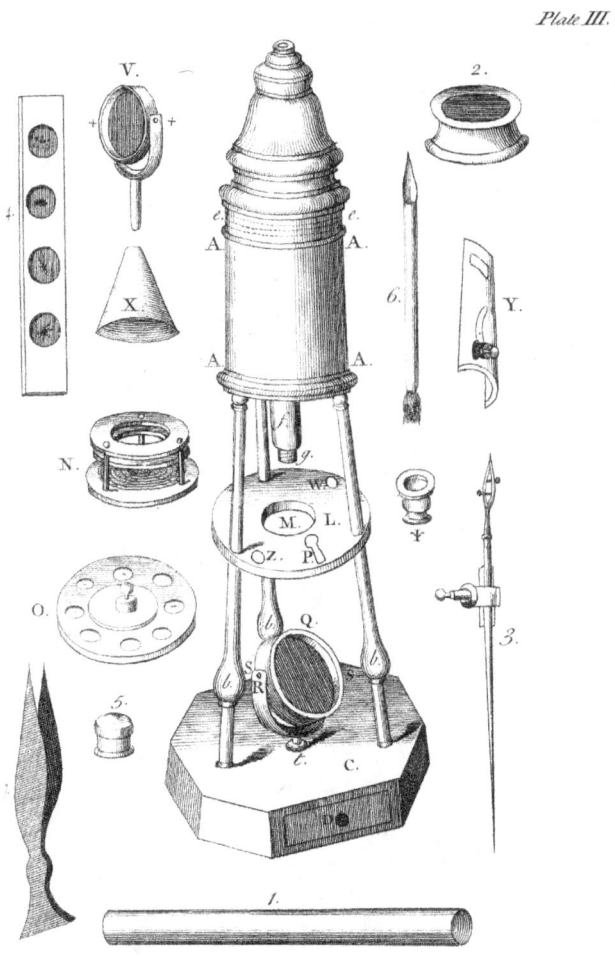

Figure 5.8. Illustration d'un microscope tirée de *The Microscope Made Easy*.

6.
Les entrepreneurs scientifiques

EN DEHORS DES COMMUNAUTÉS SCIENTIFIQUES, beaucoup de gens ont toujours été curieux de la science. Les revues scientifiques comme *Philosophical Transactions* étaient peu utiles pour ces personnes, car elles n'étaient publiées qu'une fois par mois et étaient trop complexes pour les non-initiés.

L'innovation technologique a permis aux éditeurs de fournir du contenu à ces personnes et de réaliser de gros profits. Dans la seconde moitié des années 1800, le perfectionnement de la presse à imprimer permet d'imprimer 20 000 exemplaires à l'heure, un chiffre extraordinaire pour l'époque. Cela a rendu possible la production en masse de périodiques à la fois peu coûteux, plus fréquente, et attrayants pour le grand public.

En plus du contenu écrit, les illustrations étaient essentielles pour susciter l'émerveillement des lecteurs ou pour les aider à comprendre des sujets plus sophistiqués.

Ce fut un succès ; en fait, la vulgarisation scientifique au sens moderne du terme est une entreprise d'édition.

L'almanach de Benjamin Franklin

Benjamin Franklin est surtout connu comme l'un des pères fondateurs des États-Unis d'Amérique. Il était également un inventeur prolifique : il a inventé le paratonnerre, les lunettes bifocales et un modèle de poêle très efficace. Mais avant tout cela, Franklin a été éditeur pendant la majeure partie de sa vie.

Il a commencé à travailler à seulement 12 ans dans l'imprimerie de son frère James à Boston, la ville où il est né. Il était chargé de la composition du journal édité par James ; mais un jour, il insère certains de ses propres poèmes à la place des nouvelles locales. L'idée est appréciée par les lecteurs, mais pas par son frère, qui le met à la porte. À l'âge adulte, il a voulu déménager dans une ville plus grande et plus ouverte, et s'est installé à Philadelphie. Là, le gouverneur William Keith l'accueille et lui suggère de créer sa propre imprimerie. Franklin a demandé comment il pouvait commencer, et Keith a répondu qu'il avait des amis à Londres qui pourraient lui vendre des caractères, beaucoup de papier et des machines ; il l'a invité à les rencontrer en Angleterre, et a également promis d'écrire une lettre pour le présenter.

Convaincu par le gouverneur, Franklin est heureux d'accepter et se prépare à partir. Cependant, le gouverneur a soudainement déclaré qu'il enverrait la lettre directement à Londres ; Franklin a donc dû prendre la mer sans aucun document officiel. Une fois sur place, après un mois de navigation, il découvre que la lettre n'est jamais arrivée et comprend finalement que le gouverneur l'a trompé : les personnes qu'il rencontre sur place disent n'avoir jamais entendu le nom de Keith.

Déçu et frustré, Franklin a également été contraint de rester sur place, car il ne pouvait pas se permettre le retour. Il avait cependant une petite fortune : il a réussi à trouver un emploi d'imprimeur.

Tout en travaillant dans la capitale, il a également amélioré ses connaissances. Il s'est particulièrement intéressé à un type particulier de publication très rentable à l'époque : les almanachs.

Les almanachs sont un type de périodique très ancien qui existe depuis l'aube de l'écriture. Ils étaient écrits sur toutes sortes de supports, de la pierre au papyrus, et ce n'est qu'au Moyen Âge qu'ils ont été écrits sur papier. Les almanachs médiévaux étaient en latin, car ils constituaient un outil professionnel de prévision des événements astronomiques futurs, une sorte de version de poche des Tables Alphonsines. Même le nom est médiéval : « almanach » pourrait suggérer une origine arabe en raison de l'initiale « al » qui, dans cette langue, est l'article déterminant ; mais il est plus probable que le mot soit né en Occident et imite simplement l'arabe, car les Arabes de l'époque étaient réputés pour leurs compétences en astronomie.

Après l'invention de l'imprimerie, les almanachs sont devenus des pamphlets de quelques pages, imprimés sur du papier de mauvaise qualité et décorés de gravures sur bois bon marché, parfois même sans rapport avec le texte. Au XVIIIe siècle, les almanachs sont finalement devenus une activité très rentable pour les imprimeurs, car ils se sont répandus dans toutes les classes sociales. En effet, ils étaient alors rédigés dans la langue vernaculaire du pays où ils étaient imprimés (il existait donc des almanachs en anglais, en français, en italien, etc. et leur contenu voyageait parfois d'un pays à l'autre en traduction).

Outre le calendrier, qui restait l'élément essentiel de chaque exemplaire, on trouvait également divers autres types de contenus, en fonction du thème de l'almanach. Comme Franklin a pu le constater, il y avait des almanachs de tous types et pour tous les goûts : le *Woman's Almanack*, dédié aux dames éduquées, leur fournissait des énigmes et des puzzles pour se divertir ; l'*Apollo Anglicanus*, publié par Richard Saunder, faisait des prédictions astronomiques et météorologiques, offrant ainsi un contenu scientifique plus populaire que la superstition ; le *Poor Robin's*, un almanach qui parodiait les autres almanachs en faisant de fausses prédictions, en satirisant les rois et en se moquant des personnalités ; et de nombreux autres almanachs.

Les almanachs étaient en effet un produit populaire. Ils étaient si bon marché que les almanachs étaient le seul livre imprimé qu'on avait à la maison. Comme le décrit l'un des dialogues du poète Giacomo Leopardi, si un passager s'arrêtait au coin d'une rue à la fin de l'année, il serait bientôt abordé par un vendeur avec ses précieuses marchandises accrochées à son cou.

De plus, ils étaient bon marché à produire. Si l'on se réfère à certaines estimations des almanachs vendus à Londres au XVIIe siècle (peu de temps avant que Franklin ne commence à travailler dans la ville), le coût de production de 1000 exemplaires d'un almanach ordinaire était d'environ 8 £ (environ 1 000 euros aujourd'hui), et chaque exemplaire était revendu jusqu'à cinq fois son prix. Quant aux auteurs, ils étaient généralement payés 2 £ (environ 240 euros), ou, s'ils étaient vraiment talentueux, ils pouvaient convenir avec l'éditeur d'être payés davantage, mais seulement après avoir atteint un certain nombre d'exemplaires vendus, par exemple 60 £ (environ 6 000 euros) pour 20 000 exemplaires.

Le piratage était une chose normale. De temps en temps, quelqu'un s'immisçait dans la production, même avec l'accord de l'imprimeur, et parvenait à faire imprimer jusqu'à 5 000 copies pirates en surnuméraire, qu'il revendait ensuite, privant le véritable propriétaire des bénéfices.

Si tout se passe bien pour les entrepreneurs, ils pourraient même faire une petite fortune. Cependant, comme les almanachs étaient très nombreux, la concurrence était rude : à la fin de chaque année, les imprimeurs étaient submergés de commandes, à tel point que de nombreux lots dépassaient souvent les ventes, et comme ils étaient inutilisables après les fêtes, ils étaient envoyés à l'administration de la ville pour être détruits.

Ainsi, Franklin a passé environ 18 mois à Londres ; il est devenu plus expérimenté dans son métier, mais pas aussi riche. En tout cas, il s'était lassé de la capitale. Il a donc conclu un accord avec un marchand de Boston et, après avoir travaillé brièvement pour lui comme commis, il a pu retourner avec son navire à Philadelphie.

Chez moi, beaucoup de choses avaient changé. L'homme qui l'avait trompé, Keith, n'est plus le gouverneur : il a disparu sans jamais assumer la responsabilité de ce qu'il a fait. Néanmoins, Franklin ne perd pas de temps pour le poursuivre et s'installe à Philadelphie, où il se marie. Par la suite, il a fait la connaissance de toutes les autres personnes instruites de la ville et, ensemble, ils se réunissaient tous les vendredis dans une brasserie abandonnée pour discuter de science et de philosophie. Ils se sont appelés le Junto Club.

C'est à cette époque que Franklin s'engage de plus en plus dans la politique. En fait, sous la nouvelle administration, la ville est encore plus mal gérée qu'auparavant et manque de certains services essentiels : par exemple, il n'y a pas de bibliothèque et ceux qui veulent lire doivent faire venir des livres d'Angleterre. Franklin a alors eu une idée. Il a demandé au Junto Club de rassembler tous leurs livres personnels dans leur salle de réunion, afin qu'ils soient stockés en un seul endroit, prêts à être consultés ou empruntés. Comme prévu, chacun pouvait participer en payant un abonnement qui lui permettait d'acheter d'autres livres. Ainsi, la Bibliothèque de Philadelphie est née.

Entre-temps, Franklin devait gagner de l'argent pour lui-même et, maintenant qu'il était un imprimeur expérimenté, il pouvait enfin ouvrir sa propre imprimerie. Bien qu'il ait des partenaires commerciaux, il y met beaucoup d'efforts : il va jusqu'à faire fondre du plomb et à produire des caractères grossiers, se souvenant de la seule fois où il a vu cela se faire à Londres.

Sa première publication à succès a été la *Pennsylvania Gazette*, un journal dans lequel il a également publié toutes les réflexions issues des réunions du Junto Club, ainsi que ses propres contributions.

Franklin a également réussi à trouver le temps de s'adonner à ses passions. Après de nombreuses expériences scientifiques, il a découvert que l'électricité n'était pas constituée de deux fluides différents, mais de deux charges. Il a également contribué à la communauté scientifique en étendant le Junto Club à toutes les colonies, finançant ainsi l'American Philosophical Society (la philosophie incluait encore la science).

Il peut alors sembler étrange qu'un homme instruit comme Franklin puisse publier un ouvrage lié à la superstition : c'est pourtant exactement ce qu'il a fait en publiant son almanach, le *Poor Richard's Almanack* (« L'almanach du bon homme Richard »).

Il s'agit ici de l'auteur fictif Richard Saunders, qui n'était autre que Franklin lui-même, sous un pseudonyme. Il y avait en fait le vrai Richard Saunder, qui était l'auteur d'un des almanachs qu'il connaissait à Londres, le plus sérieux ; Franklin a simplement ajouté une « s » à la fin du nom. Le

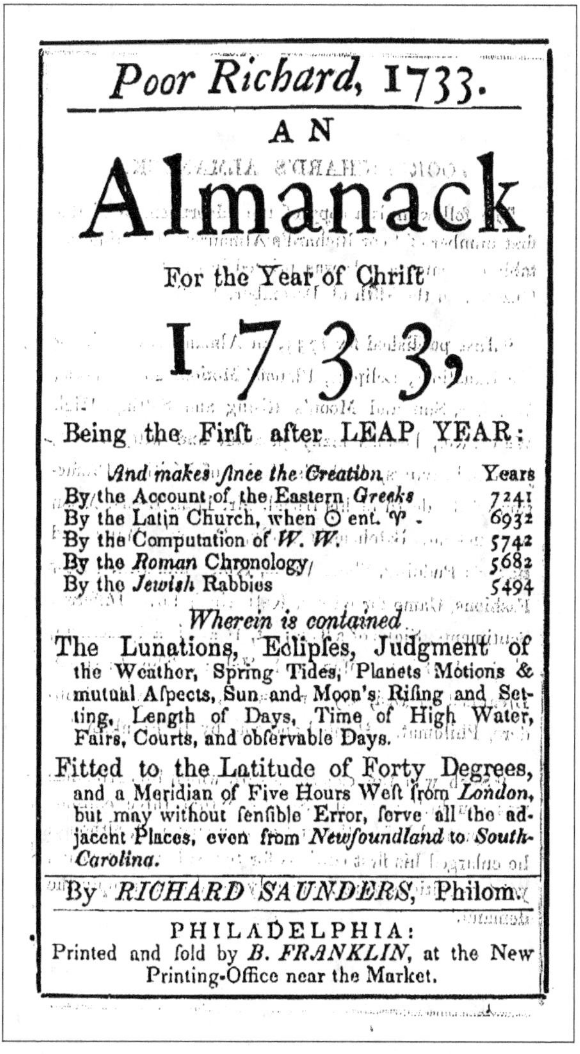

> **Poor Richard, 1733.**
>
> AN
>
> # Almanack
>
> For the Year of Chrift
>
> # 1733,
>
> Being the Firſt after LEAP YEAR:
>
> And makes ſince the Creation, Years
> By the Account of the Eaſtern Greeks — 7241
> By the Latin Church, when ☉ ent. ♈ — 6932
> By the Computation of W. W. — 5742
> By the Roman Chronology — 5682
> By the Jewiſh Rabbies — 5494
>
> *Wherein is contained*
> The Lunations, Eclipſes, Judgment of the Weather, Spring Tides, Planets Motions & mutual Aſpects, Sun and Moon's Riſing and Setting, Length of Days, Time of High Water, Fairs, Courts, and obſervable Days.
> Fitted to the Latitude of Forty Degrees, and a Meridian of Five Hours Weſt from *London*, but may without ſenſible Error, ſerve all the adjacent Places, even from *Newfoundland* to *South-Carolina*.
>
> By *RICHARD SAUNDERS*, Philom.
>
> PHILADELPHIA:
> Printed and ſold by *B. FRANKLIN*, at the New Printing-Office near the Market.

FIGURE 6.1. Le premier numéro de *Poor Richard's Almanack* (décembre 1732).

« Poor » était typique du genre des almanachs populaires.

FIGURE 6.2. L'homme du Zodiaque, de la *Poor Richard's Almanack*.

Le *Poor Richard's Almanack* était principalement un almanach astrologique. Il y avait beaucoup de contenu lié à ce sujet, comme l'Homme du Zodiaque (Fig. 6.2), une représentation d'un homme entouré des douze signes, chacun associé à une partie du corps. Mais il y avait aussi un tableau des rois d'Angleterre, qui régnaient encore sur la Pennsylvanie, puis un tableau des routes construites en Amérique du Nord à l'époque.

Les autres contenus les plus précieux du *Poor Richard's* étaient les compositions littéraires, telles que des proverbes ou de courts poèmes au début de chaque mois, tous écrits par Franklin sous son pseudonyme.

Cet anonymat a permis au véritable auteur de faire quelques farces qui lui ont également valu une certaine publicité. La principale cible de Franklin était Titan Leeds, éditeur de *An American Almanack*, son principal concurrent. Dans le premier numéro du *Poor Richard's*, Richard Saunders (c'est-à-dire Franklin) prédit, à l'aide de calculs astrologiques, le jour exact de la mort de Leeds et se déclare son successeur, afin que les lecteurs soient plus enclins à acheter son almanach plutôt que celui de Leeds. Il n'était pas rare que les auteurs d'almanachs se provoquent de la sorte, mais comme Leeds avait récemment été victime de la diffusion non autorisée de son œuvre, il semble qu'il n'ait pas apprécié la plaisanterie, dont il craignait qu'elle ne lui porte préjudice. Au lieu de s'excuser, Saunders a publié sa nécrologie le jour prévu et, depuis lors, a toujours accusé le vrai Leeds d'être un imposteur. Lorsque Leeds est effectivement décédé quelques années plus tard, Saunders a félicité le prétendu imposteur pour avoir disparu et mis fin à la farce.

L'Almanach du pauvre Richard connaît un succès incroyable : dès sa première parution, il se vend à environ 10 000 exemplaires par an, faisant de Franklin l'un des éditeurs les plus riches des colonies américaines.

Grâce à ses services à la communauté et à ses activités d'édition, il est devenu une personnalité publique très appréciée et a pu gagner la faveur générale en tant qu'homme politique. À l'âge de 50 ans, il est nommé ambassadeur pour sceller un traité commercial entre la France et les colonies, qui se détachent déjà de la couronne anglaise. Ce poste étant très exigeant, il choisit de se consacrer entièrement à l'une de ses nombreuses activités, préférant la politique à la science.

Alors qu'il est en route pour l'Europe, Franklin écrit la préface de la dernière édition du *Poor Richard*. C'était une recette pour faire du savon à la maison.

Il a ainsi pu se retirer de l'entreprise après 25 ans de publication.

Les frères Chambers

William et Robert Chambers sont nés et ont passé leur enfance dans une petite ville du sud de l'Écosse, entourée de collines verdoyantes et habitée par des personnes encore habituées à une vie rurale ancienne. Elle s'appelait Peebles ; leur père James y avait une modeste usine de textile, qui n'était qu'une pièce remplie d'une centaine de métiers à tisser, où les tisserands étaient assis et filaient la laine à la main, en discutant ou en chantant.

Les journées à Peebles étaient rythmées par le passage des vaches que le berger emmenait au pâturage le matin et ramenait le soir. Après le thé, les quelques divertissements consistaient, pour les enfants, à jouer aux billes, pour les adultes, à chanter de vieilles chansons écossaises, un des talents de papa James.

Il n'y avait pas encore d'imprimerie dans le village et il n'y avait qu'un seul libraire. La sagesse était transmise par les proverbes. Et même si tous les villageois allaient régulièrement à l'église, il y avait encore beaucoup de superstitions : le facteur faisait sa tournée en portant toujours un talisman contre les mauvaises influences, en particulier en passant devant de vieilles maisons habitées par des femmes solitaires que l'on croyait être des sorcières.

Les deux garçons n'ont jamais oublié leur ville natale et ses coutumes pittoresques. Après tout, ils y ont passé une enfance agréable.

Ils étaient né tous deux nés avec six doigts à chaque membre, et quand ils ont grandi, ils ont subi une opération chirurgicale pour amputer les membres supplémentaires. William a survécu à l'opération avec à peine une trace. Quant à Robert, il avait un gros orteil surnuméraire enraciné dans les os du métatarse ; dans son cas, l'opération a été beaucoup plus complexe et, à la fin, l'os a été amputé de manière grave, laissant le garçon boiteux et endolori à vie.

Par la suite, les habitudes et les sentiments de Robert ont également été marqués de façon permanente. Il est désormais contraint de rester à la maison beaucoup plus longtemps qu'auparavant et, si cela le rend un peu morose, il a plus de temps à consacrer à sa passion pour la lecture et les études. William aimait aussi lire et, comme il savait sculpter le bois, il échangeait souvent avec les autres enfants des jouets en bois fabriqués à la main contre des livres. Parfois, les deux frères lisaient ensemble le même livre.

Robert était très désireux d'apprendre. Un jour, en fouillant dans le grenier de sa maison, il trouve un coffre et l'ouvre pour révéler une série de gros volumes rougeâtres : c'est la quatrième édition complète de l'Encyclopaedia Britannica. Son père avait fait un petit investissement et l'avait acheté au seul libraire de la ville, mais après avoir lu quelques entrées, il s'en était lassé et avait rangé tous les volumes massifs dans le seul endroit où ils pouvaient tenir dans cette petite maison. Robert, quant à lui, a tout lu et ses connaissances se sont accrues à tel point qu'à l'adolescence, il a rapidement dépassé ce que lui et son frère avaient appris à l'école.

L'histoire et la littérature font également partie de sa passion. Son imagination a été captivée par les romans de Sir Walter Scott, éminent écrivain d'origine écossaise comme lui, qui a été une source d'inspiration non seulement pour le petit Robert mais aussi pour de nombreux écrivains, notamment les auteurs de grands romans historiques tels que *Les Misérables* de Victor Hugo et *I promessi sposi* d'Alessandro Manzoni.

Rempli d'admiration pour son compatriote, Robert compose une anthologie de vieilles chansons écossaises et la lui envoie comme un cadeau précieux, écrite dans une fine calligraphie qu'il a récemment apprise. Plusieurs mois plus tard, cependant, il n'avait toujours pas reçu de réponse.

Entre-temps, papa James avait eu quelques troubles. Alors qu'il possédait une usine de tissus tissés à la main, il a été soudainement dépassé par l'arrivée des premiers métiers à tisser mécaniques motorisés ; il a donc dû repenser son métier et a commencé à travailler comme drapier. Ses clients étaient principalement des soldats qui payaient le plus souvent à l'avance ; le plus souvent, cependant, James leur faisait crédit. Les problèmes sont apparus lorsque les soldats ont été appelés au service, laissant derrière eux leurs dettes, et la plupart d'entre eux ne sont pas revenus, probablement après être morts sur les champs de Waterloo.

Presque pauvre, la famille Chambers a décidé de déménager à Édimbourg, où elle espérait trouver de meilleures opportunités. James était employé dans une mine de sel, mais il était peu enclin à recevoir des ordres et, en raison de son sens de l'ordre, il pouvait à peine tolérer le commerce illégal d'alcool qui se déroulait dans les mines sous ses yeux. Quant à ses fils, William est d'abord rejeté comme manutentionnaire à cause de son physique, mais à sa grande satisfaction, il trouve un meilleur emploi comme apprenti dans une librairie, apprenant ainsi le métier de vendeur et d'entrepreneur. Robert a continué à étudier en autodidacte. Pendant son temps libre, il explore Édimbourg, se promenant parmi les grands bâtiments sombres entassés derrière les murs de la vieille ville, prenant des notes sur les ruelles étroites qu'il traverse et les inscriptions qu'il lit sur les pierres.

Les malheurs de la famille ne sont pas encore terminés, car un jour, le père est ramené à la maison tard dans la nuit, à peine conscient et avec une blessure à la tête. La personne qui l'a sauvé a dit qu'elle l'avait trouvé allongé sur la route, après avoir été battu et volé par des trafiquants d'alcool. À cause de cet incident, James a également été licencié de la mine de sel. Détruit dans sa psyché, il n'a pas pu trouver un autre emploi. Maintenant, les deux frères avaient l'entière responsabilité de la famille : William avait 18 ans et Robert 16.

L'idée d'une nouvelle entreprise est venue en premier à Robert. Leur maison était pleine de livres déjà lus, inutiles pour lui, comme de vieux livres d'école ou de précieux volumes de l'*Encyclopaedia Britannica* ; il les a tous rassemblés et en a fait l'inventaire, calculant qu'en les vendant il pourrait obtenir une somme raisonnable. William utilise ensuite son expérience pour aider à trouver et à acheter d'autres titres à revendre.

Quant à la boutique, Robert a fait une très bonne affaire en la louant pour 6 £ par an (environ 400 euros aujourd'hui) ; le local était en effet très petit, mais il disposait d'un étal devant l'entrée pour exposer les articles, invitant ainsi les gens de passage à s'arrêter et à envisager un achat. Mieux encore, la boutique de Robert était située sur Leith Walk, l'une des rues les plus fréquentées d'Édimbourg. Grâce à cet avantage, les ventes ont immédiatement augmenté et les Chambers ont pu avoir un moment de répit.

Entre-temps, William s'est intéressé à l'imprimerie. Il avait rencontré un imprimeur qui quittait la ville, et pour une bonne affaire, il a pu acheter pour 3 £ (200 euros) une machine désaffectée, et des caractères avec des étuis. Quant au cadre à placer sous la presse à imprimer, il en a construit un lui-même en utilisant ses talents de charpentier. S'entraînant jour après jour, il apprend l'art de la composition et de la reliure. Pendant l'impression, la machine était si bruyante qu'on pouvait l'entendre jusqu'à deux maisons de distance. Les caractères étant limités en nombre, William ne pouvait imprimer que huit pages ; puis il devait recomposer le cadre, un caractère à la fois, puis en imprimer huit autres et ainsi de suite jusqu'à atteindre cent pages. Après quelques mois, en tirant vingt mille fois sur la presse, il a pu produire son premier livre, tiré à environ 750 exemplaires. Il y a vu la possibilité de développer l'activité de vente de livres de son frère.

Les Chambers ont ainsi pu produire et vendre leurs propres publications, d'abord des anthologies de poésie, puis leur premier périodique, le *Kaléidoscope*, du nom d'un jouet optique nouvellement inventé dont tout le monde raffolait à l'époque. Tandis que William se chargeait du dur labeur de la composition et de l'impression, Robert écrivait le contenu, qui était constitué de poésie et de satire. Après un an, ils ont fermé le magazine avec des gains importants.

Mais quelque chose d'encore plus extraordinaire s'est produit. Sir Walter Scott était venu visiter

Édimbourg et, se souvenant du jeune homme qui lui avait autrefois envoyé des poèmes, il décida de lui répondre. Robert a ainsi pu le rencontrer en personne et les deux hommes sont immédiatement devenus amis, à tel point qu'ils ont continué à échanger des lettres par la suite.

Un jour, Sir Scott a envoyé à Robert une longue lettre contenant toutes les histoires sur la ville d'Édimbourg dont il se souvenait lui-même ou qu'il connaissait par ses amis. Pour Robert, c'était un véritable trésor. Il avait également pris quelques notes au cours de ses promenades dans la ville, mais il avait maintenant beaucoup plus de matériel à analyser. Il a rassemblé tout cela et a raconté toutes les histoires du château, des rues médiévales, des coutumes ancestrales. Le résultat fut le livre *Traditions d'Édimbourg*, un essai historique qui fut son premier best-seller.

Après le succès de *Kaléidoscope* et du livre de son frère, William a compris l'opportunité qui se cachait derrière la littérature bon marché, comme on appelait à l'époque ces livres et pamphlets imprimés à bas prix, dont la moitié étaient plutôt peu fiables (comme les almanachs), et qui, bien que dépréciés par les érudits, parvenaient tout de même à attirer les gens du peuple, même les non éduqués. Chambers pensait même que plus elles étaient répandues dans une nation, plus cette nation était cultivée, et à l'appui de sa thèse il apportait l'exemple de l'Italie, prolifique à la fois de ce type de littérature et d'universités renommées. C'était peut-être un peu exagéré, mais au moins cela lui a donné l'inspiration pour le prochain projet de l'entreprise familiale.

Le premier numéro du *Chambers' Edinburgh Journal* a été publié le 4 février 1832. William Chambers l'a présenté comme suit dans l'éditorial d'ouverture : « Chaque samedi, lorsque le travailleur le plus pauvre du pays reçoit son humble salaire, il aura l'occasion d'acheter, avec une partie insignifiante de cette même somme, un repas d'instruction mentale saine, utile et agréable ». Le magazine s'adressait aux classes sociales inférieures et éveillait leur curiosité. Les Chambers pensaient également que leur entreprise contribuerait à l'amélioration de la situation sociale en offrant une éducation aux personnes peu alphabétisées.

Leur magazine hebdomadaire était imprimé en huit pages, sur trois colonnes chacune, sans aucune illustration. L'intention étant de susciter l'intérêt du plus grand nombre de lecteurs possible, les articles couvrent une grande variété de sujets. Un peu comme les almanachs, le *Chambers' Edinburgh Journal* offrait des récits très précis à côté des superstitions ou du folklore, mais dans ce cas, les récits

FIGURE 6.3. Le premier numéro du *Chambers' Edinburgh Journal* (samedi 4 février 1832).

étaient racontés plutôt dans un intérêt anthropologique, ou pour susciter la fierté nationale. Il y avait une série d'articles sur l'histoire de l'édition, mais aussi des descriptions des traditions et des coutumes (au début uniquement écossaises), et il y avait aussi des morceaux de littérature, même de la poésie, et de la fiction sérialisée. Bien sûr, l'auteur de la plupart des recherches et des textes était Robert.

Tout ce contenu était vendu à un prix très abordable. À l'époque, un journal ordinaire coûtait environ 5 pence, soit l'équivalent de 1,70 euro aujourd'hui, en raison des lourdes taxes et de la publicité. Au lieu de cela, comme le *Chambers' Edinburgh Journal* était exempté de ces taxes, le prix était de 1,50 pence (ou trois demi-pence, comme cela apparaissait sur la couverture), soit 0,50 euro, une aubaine pour quelque chose à lire qui était presque aussi long qu'un journal, et certainement plus intéressant. De plus, le magazine a été publié stratégiquement le jour de la paie des travailleurs.

Dans ses mémoires, William se rappelle avec étonnement que 30 000 exemplaires ont été vendus dans les jours qui ont suivi la publication. Lorsque le troisième numéro est sorti, ils ont essayé de s'étendre à Londres, en s'arrangeant avec certains agents et en leur envoyant de nombreux exemplaires à l'avance : les ventes ont atteint 50 000 exemplaires. À Édimbourg, toutes les autres revues de littérature économique ont disparu en quelques mois.

Les Chambers ne se sont pas arrêtées là. Après avoir obtenu des fonds suffisants, les deux frères ont acheté leur propre presse à imprimer pour 500 livres (40 000 euros aujourd'hui), ce qui leur a permis de gérer toute la production de manière indépendante. Ils disposent désormais d'une machine à vapeur : l'impression est automatisée et seuls deux ouvriers sont nécessaires, l'un pour régler les caractères et l'autre pour alimenter le fourneau en charbon. Les coûts ont diminué et les volumes de production ont augmenté.

L'usine est construite à Glasgow, non loin d'Édimbourg, mais l'objectif est à nouveau d'étendre son activité à l'ensemble du pays. Ils y sont parvenus grâce à une nouvelle technique d'impression : le stéréotypage. L'impression en stéréotypie consistait à presser d'abord le cadre dans un moule en papier mâché ; lorsque celui-ci se solidifiait, on obtenait une matrice faite d'un matériau solide mais pas indestructible. Ensuite, du métal chaud est versé dans la matrice et, une fois solidifié, le moule en papier est pulvérisé, ce qui donne une réplique en une seule pièce du cadre, appelée stéréotype.

Cela a considérablement amélioré la production du journal de Chambers à Édimbourg. Dès lors, lorsque le prochain numéro hebdomadaire était prêt, les stéréotypes étaient envoyés à l'avance à d'autres imprimeurs à Édimbourg, Londres et Dublin, où ils étaient imprimés directement le jour même.

Les frères Chambers, qui ont commencé comme deux entrepreneurs de province, sont finalement devenus propriétaires de l'un des plus importants magazines nationaux.

Le Penny Magazine

Huit semaines après le premier numéro du *Chambers' Edinburgh Journal*, un autre nouveau magazine est sorti à Londres : le *Penny Magazine*. Le titre soulignait le prix avantageux de la couverture, seulement 1 penny (0,30 euro). On y trouve également le nom de l'éditeur, écrit en gras : la SDUK, c'est-à-dire Society for the Diffusion of Useful Knowledge (« Société pour la diffusion des connaissances utiles »).

La SDUK était une association de chercheurs et d'éditeurs fondée par un homme politique, le libéral Henry Brougham, membre du Parlement. Son objectif n'est pas très différent de celui des Chambres, à savoir l'éducation des « masses » (un mot devenu à la mode, comme l'a noté William).

Apparemment, il n'était pas le seul à saisir l'opportunité d'une littérature bon marché. De plus, le SDUK, par rapport aux Chambres, avait plus de moyens et, surtout, d'argent. Ses produits allaient d'une encyclopédie à une série de livres, en passant par le Penny Magazine.

Le rédacteur en chef était Charles Knight. C'est lui qui a donné au magazine la structure qui a assuré son succès. Dans le magazine, il y avait plus ou moins cinq articles d'une longueur moyenne de 1800 caractères, le minimum pour un article de journal.

Le texte n'était pas tant l'élément principal que les illustrations, qui occupaient souvent toute la page, surtout la première. Elles ont été produites à l'aide de la technique de la gravure sur bois : les images étaient gravées sur des planches de bois puis imprimées, une méthode moins coûteuse que la gravure sur cuivre, moins précieuse mais de qualité acceptable. De nombreuses gravures sur bois du magazine étaient l'œuvre de John Jackson, l'un des graveurs les plus compétents de l'époque, dont le travail précieux était ainsi mis à disposition à bas prix. Les illustrations montraient des animaux exotiques ou des monuments et bâtiments célèbres, tant anglais qu'étrangers, très souvent cadrés de bas en haut, c'est-à-dire du point de vue d'un passager. L'effet global était spectaculaire, bien que

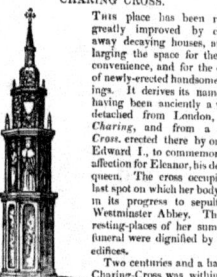

Figure 6.4. Le premier numéro du *Penny Magazine* (samedi 31 mars 1832).

parfois au détriment de la précision (un jour, ils ont montré un boa constrictor avec des défenses sur la première page).

Peu après son introduction, les ventes du *Penny Magazine* ont atteint 200 000 exemplaires en une semaine, ce qui en fait un concurrent majeur du *Chambers' Edinburgh Journal*. Les illustrations sont la principale raison de sa popularité, d'autant plus que l'analphabétisme en Angleterre à cette époque était encore très élevé : un tiers des hommes et la moitié des femmes ne savaient pas lire.

Mais ce grand succès, aussi retentissant soit-il, n'a duré que dix ans, jusqu'à la faillite inattendue du magazine. Commentant l'affaire dans ses mémoires, William Chambers spécule que les sujets abordés par son rival étaient devenus trop abscons et ne captaient plus l'imagination des lecteurs. En effet, en raison de l'engagement politique de ses fondateurs, le magazine avait un programme moral qui a pu aliéner la plupart des lecteurs. Chambers, en revanche, a évité les sujets qui divisent, comme la politique et la religion.

Cependant, l'explication est probablement plus simple. Charles Knight avait beau s'efforcer de maintenir le coût des illustrations à un niveau bas, il était impossible d'en maintenir la qualité. Et comme les illustrations étaient la raison du succès du magazine, elles étaient indispensables. Après seulement un an, le prix de couverture est porté à 4 pence, ce qui non seulement contredit le titre lui-même, mais rend le magazine de plus en plus inabordable pour les classes ouvrières, son public cible. Après les sommets du début, les ventes ont progressivement diminué à la fin.

Bien qu'ils aient des moyens inférieurs, les deux frères Chambers avaient réalisé quelque chose que leurs concurrents n'avaient pas vu. Ils avaient simplement trouvé une activité plus durable à long terme. Le mélange de faits et de fantaisie que proposait leur magazine était tout à fait attrayant pour le public de l'époque, même sans illustrations et à un prix légèrement plus élevé (du moins jusqu'à ce que leur concurrent soit obligé de l'augmenter). Et bien que les ventes aient été un peu plus faibles, leur quantité est restée stable et le magazine a pu tenir jusqu'en 1956, plus de cent ans après sa fondation.

Le *Penny Magazine* aurait dû vendre sept fois plus que son rival pour atteindre le seuil de rentabilité des coûts de production. Cela aurait été possible pendant les premières années, lorsque l'excitation de la nouveauté le permettait, mais ce n'était pas un objectif réalisable pour toujours.

7.

UNE AUTRE LONGUE RÉVOLUTION

APRÈS LES RÉVOLUTIONS SCIENTIFIQUES de Copernic et de Newton, Charles Darwin a jeté les bases de l'évolutionnisme.

Contrairement aux deux autres révolutions, elle s'est répandue immédiatement, mais a mis du temps à être acceptée. Cette nouvelle théorie scientifique traitait d'une question très sensible : l'origine de l'espèce humaine. Elle a donc été attaquée sur deux fronts : d'abord par les hommes de science de l'époque (pour la plupart des ecclésiastiques), puis par les journalistes, qui se sont moqués de ses implications par la satire.

Cependant, bien que l'évolutionnisme ait été initialement si controversé, il a fini par être accepté précisément parce qu'il était si discuté.

La jeunesse de Darwin

Charles Darwin est né dans une famille où les sciences naturelles étaient une petite tradition. Il y avait eu son grand-père Érasme, qui avait vécu bien avant, à une époque où l'on pouvait encore être à la fois médecin et poète. Puis, son père Robert, un médecin dans sa ville natale. Les nombreuses histoires qu'il racontait à la fin de ses journées de travail ont permis au jeune Charles d'apprendre non pas tant l'anatomie ou la physiologie que les étranges comportements humains. Le Dr Darwin a su lire les réticences de ses patients et comprendre leurs craintes, mais sans jamais céder à leurs caprices. Il avait découvert que s'il leur demandait de ne pas pleurer pendant qu'il leur parlait de leur état, ils pleuraient davantage, lui faisant perdre son temps ; mais s'il les invitait à laisser leurs sentiments s'exprimer, ils s'arrêtaient immédiatement et le laissaient parler. Et si jamais il apprenait qu'ils étaient en train de mourir, cela faisait partie de son travail de ne pas leur dire tout de suite, car l'espoir pouvait faire partie de la guérison, ou du moins soulager les proches du patient.

Robert Darwin avait donc la réputation d'être un médecin compétent et fiable, mais il était aussi un père attentionné : grâce à ses économies, il a pu envoyer son fils étudier la médecine à Édimbourg. Un jour, le jeune Charles rencontre Sir Walter Scott, qui est en visite à l'université ; mais cela reste son seul bon souvenir de l'endroit : les cours sont ennuyeux, et il est définitivement traumatisé lorsqu'il doit assister à une opération sur un enfant éveillé (l'anesthésie étant encore inconnue à l'époque).

Lorsque son père se rend finalement compte qu'il n'a aucune aptitude pour la médecine, il lui suggère de devenir pasteur évangélique, une idée qui lui plaît au départ. Devant de toute façon obtenir un diplôme pour être admis dans l'ordre anglican, il se rend à Cambridge, où il peut étudier des matières plus classiques.

Non pas que son engagement ait augmenté dans son nouvel environnement : il était plus intéressé par la collecte de minéraux ou la chasse que par la participation à des conférences. Lorsqu'il ne pouvait pas sortir, il s'entraînait à viser dans son appartement, chargeant son fusil de capsules et tirant sur des bougies. Les voisins pensaient que le nouveau locataire aimait faire claquer un fouet pendant son temps libre.

Il doit cependant passer des examens obligatoires, comme la géométrie euclidienne, dont il apprécie les démonstrations rigoureuses, et puis, bien sûr, la théologie. La référence pour ce sujet était les livres du Révérend William Paley. Dans son traité de théologie naturelle, il avait rassemblé toutes les preuves qu'il avait pu trouver de la création de l'univers par Dieu et les avait expliquées par une belle métaphore : de même qu'une horloge a un créateur qui l'a conçue, l'univers ne peut pas s'être créé lui-même.

Tous les animaux ont des yeux, mais chez chaque espèce, ils fonctionnent de manière particulière : chez les oiseaux, parce qu'ils se nourrissent à l'aide de leur bec, leurs yeux peuvent voir des objets très proches ; chez les poissons, le cristallin est plus rond que chez les autres animaux pour capter davantage de lumière à l'intérieur de l'eau ; chez l'homme, le mécanisme est le plus avancé de tous, car l'iris peut s'ouvrir et se fermer en fonction de la quantité de lumière qui l'entoure.

Comment toute cette variété est-elle possible ? Si l'on reprend la métaphore de l'horloge, il est impossible qu'un instrument aussi performant ait pu naître par hasard d'un tas de ferraille inerte. La nature a donc besoin d'un créateur. Chaque espèce animale a été créée selon un plan (le poisson, l'oiseau, l'être humain...), et en vertu de ce plan, les espèces n'ont jamais changé.

Alors qu'il étudiait la théorie de Paley, Darwin s'est souvenu qu'il avait déjà lu un autre livre sur le même sujet : il s'agissait de *Zoonomia*, un essai d'histoire naturelle écrit par son grand-père Érasme, qui avait un point de vue totalement opposé sur la question. « Serait-il trop audacieux d'imaginer, avait écrit Erasmus Darwin, que tous les animaux ont surgi d'un seul filament vivant qui possède la faculté de continuer à s'améliorer par sa propre activité intrinsèque, et de transmettre ces améliorations de génération en génération à sa postérité ? ».

Cependant, la suggestion de son grand-père n'inspira pas le jeune Darwin autant que la solidité des arguments de Paley, qui lui rappelait sa chère géométrie euclidienne. En effet, le révérend avait peut-être en tête Erasmus Darwin lorsqu'il a évoqué la possibilité d'une transformation des espèces.

« Sur la base d'une telle supposition, écrit Paley, nous devrions voir des licornes et des sirènes, des sylphes et des centaures... nous pourrions au moins avoir des nations d'êtres humains sans ongles aux doigts, avec plus ou moins de doigts et d'orteils que dix, certains avec un seul œil, d'autres avec une seule oreille, avec une seule narine, ou sans le sens de l'odorat. » Et il conclut : « Il aurait pu y avoir une innombrable variété d'animaux qui n'existent pas. » En effet, en observant la nature, une sorte d'organisation était évidente. Darwin ne l'oubliera jamais.

Dès l'obtention de son diplôme, il a eu sa première expérience de terrain en tant qu'assistant de son professeur de géologie, le révérend Adam Sedgwick, en le suivant lors d'une randonnée dans la vallée de Cwm Idwal au Pays de Galles. L'étudiant et le professeur se sont promenés parmi les falaises à la recherche de fossiles, tous deux ignorant complètement qu'ils étaient témoins des vestiges du passage d'un glacier, mis en évidence par des rayures dans les roches, qu'ils pouvaient peut-être remarquer mais pas comprendre puisque les études sur ce type de phénomène n'avaient pas encore été publiées.

Peu après ce test, Darwin reçut une autre proposition : son professeur de botanique, John S. Henslow, l'avait recommandé au capitaine Fitz-Roy, un marin à la recherche d'un volontaire qui pourrait rejoindre son équipage en tant que naturaliste non rémunéré pour un voyage de cinq ans autour du monde à bord de son navire, le Beagle. Darwin voulait accepter, mais il devait obtenir la permission de son père. Robert Darwin n'a pas du tout bien pris la nouvelle, car s'il laissait partir son fils, cela signifiait la fin de son avenir de pasteur. « Je donnerai mon consentement, concéda-t-il, si vous pouvez trouver un homme de sens qui vous conseillera d'y aller. »

Heureusement pour Charles, le lendemain, son oncle apprend l'affaire et propose son aide. Quand Robert a entendu ses paroles, il a volontiers donné à son fils la permission de partir. C'est ainsi que Charles Darwin a finalement embarqué sur le Beagle et que son aspiration à devenir berger a cédé la place à une autre aventure.

Le scandale de l'évolutionnisme

Alors que le jeune naturaliste voyageait du Cap-Vert aux Galápagos, puis en Nouvelle-Zélande, explorant des terres aussi vierges et diverses à la recherche de fossiles d'anciennes formes de vie, le débat sur la création de la vie atteignait son apogée dans son pays.

Après le révérend Paley, l'aide la plus précieuse que la théologie ait reçue provient des dernières volontés et du testament de Francis Egerton, 8e comte de Bridgewater, membre de la Royal Society. À sa mort, ce noble aux habitudes étranges a laissé une énorme donation à ses membres, une somme de 8000 £ (environ 640 000 € aujourd'hui), et leur a demandé de l'investir dans la rédaction, l'impression et la publication en mille exemplaires d'un ouvrage scientifique démontrant « la puissance, la sagesse et la bonté de Dieu, telles qu'elles se manifestent dans la création. »

Dès qu'il a lu cette phrase, le président de la Royal Society a même demandé l'aide de l'archevêque de Canterbury et de l'évêque de Londres pour trouver le meilleur moyen de réaliser les dernières volontés du comte de Bridgewater. Il a finalement désigné huit experts parmi les membres de la Royal Society pour mener à bien cette tâche difficile. Il s'agit du révérend Thomas Chalmers, professeur de théologie à Édimbourg, de John Kidd, professeur de médecine à Oxford, de Charles Bell, médecin, de Peter Mark Roget, médecin, du révérend William Buckland, professeur de géologie à Oxford, du révérend William Kirby, entomologiste, de Sir William Prout, chimiste, et enfin du révérend William Whewell, astronome à Cambridge (où Darwin avait étudié), qui a dirigé l'ensemble du projet.

Le résultat de l'effort entrepris par ces éminents hommes de science fut les huit volumes des Traités de Bridgewater, une œuvre monumentale qui soutenait la création divine de tous les êtres vivants à l'aide de preuves et d'arguments issus de tous les domaines de la science. De plus, comme le souhaitait Egerton, les bénéfices réalisés sur la vente des œuvres étaient versés aux auteurs respectifs.

Telle était la position de la principale communauté scientifique de l'ère victorienne.

Mais peu de temps après l'achèvement des traités, un autre livre, apparemment moins important, a été publié et a présenté une nouvelle perspective sur la question. Il s'appelait *Vestiges of the Natural History of Creation*. Ce titre était un cliché dans les ouvrages de littérature économique traitant de l'histoire ancienne et des antiquités. Mais le plus surprenant était que le nom de l'auteur ne figurait pas sur la couverture.

À l'époque, l'anonymat n'était pas rare dans les périodiques : les auteurs qui écrivaient des opinions controversées pouvaient ainsi se protéger du scandale. Mais ce n'était pas une pratique répandue dans les livres. Si quelqu'un voulait cacher son identité dans ces cas-là, il aurait au moins emprunté le nom à un ami écrivain. Et dans tous les cas, c'était quelque chose que les nobles en particulier faisaient, principalement pour éviter d'être moqués par leurs pairs s'ils avaient naïvement écrit quelque chose de stupide.

L'insaisissable auteur de Vestiges a peut-être voulu éviter les attaques personnelles, car il touchait à un sujet qui tenait à cœur aux gens, la création de la vie par Dieu ; de plus, le livre présentait pour la première fois au grand public la possibilité que des animaux se soient transformés à partir de formes anciennes, le risque d'indignation générale était donc élevé.

Comme nous l'avons vu, la théorie n'était pas nouvelle en soi : elle était soutenue par le grand-père de Darwin, mais son partisan le plus célèbre était certainement Jean-Baptiste Lamarck, le biologiste français qui a été le premier à la développer

VESTIGES

OF

THE NATURAL HISTORY

OF

CREATION.

LONDON:
JOHN CHURCHILL, PRINCES STREET, SOHO.
M DCCC XLIV.

FIGURE 7.1. Première édition de *Vestiges of the Natural History of Creation* (1844).

en détail. « En ce qui concerne les organismes jouissant de la vie, écrit-il, la nature a tout fait petit à petit et successivement. » Pour Lamarck, les animaux ont changé au fil du temps en raison des modifications générées par leurs besoins ; par exemple, les girafes ont commencé à étirer leur cou pour atteindre les feuilles des arbres plus hauts, cette habitude est devenue un trait physique, puis ce trait a été transmis aux générations suivantes de girafes. Cette idée était considérée comme absurde par Paley et ses partisans, car elle contredisait l'existence d'un dessein originel dans la nature.

Ceux qui ont écrit *Vestiges* ont cependant essayé de concilier les deux positions.

« Il est bien connu que la terre que nous habitons est un globe d'un peu moins de 8000 miles de diamètre... » est la première ligne de *Vestiges*. Ce livre, plus qu'une œuvre scientifique, est une œuvre littéraire. Le narrateur est une voix impersonnelle mais non omnisciente qui emmène le lecteur dans un long voyage depuis le début de l'univers jusqu'à aujourd'hui. Son ton est chaleureux et non didactique, car il dit rarement « je » au lieu de « nous », maintenant toujours le contact avec le lecteur.

La méthode est essentiellement philosophique, non expérimentale, voire ouvertement littéraire : « Là où nos facultés perceptives sont déconcertées, nous rêvons. » Les données, par exemple la taille de la Terre au début, sont présentées avec parcimonie, et toujours de manière approximative et conviviale.

L'auteur, suivant deux lignes, veut d'abord trouver une unité dans tous les phénomènes naturels, du plus petit au plus grand (« La terre est un globe pour la même raison qu'une goutte de rosée est un globe »), et ensuite, il attribue le mérite de cette unité à Dieu. En effet, *Vestiges* peut être considéré comme une étrange version scientifique du livre de la Genèse : l'origine de l'univers et des êtres vivants est racontée à travers les théories des hommes de science contemporains, tout en faisant constamment référence à l'intervention divine.

Cette intention à la fois religieuse et scientifique apparaît pleinement dans le chapitre central, où la théorie de la modification des espèces est exposée en profondeur. L'auteur écrit : « Ma proposition est que les diverses séries d'êtres animés, depuis les plus simples et les plus anciens jusqu'aux plus élevés et les plus récents, sont le résultat d'une impulsion intrinsèque. » Les espèces ont suivi le même chemin dans leur développement ; chaque fois que le chemin s'est divisé, les différentes espèces ont été créées. Dieu a créé la loi, pas les espèces individuelles.

Un schéma en marge du texte illustre ce discours long et abstrait. Un être vivant générique se développe au point A du schéma. À partir de là, le poisson diverge vers l'état mature F (« Fish » dans l'original). L'être vivant poursuit son développement jusqu'en C, où le reptile diverge de la même manière, avançant jusqu'en R. Puis l'oiseau diverge jusqu'en D, et continue jusqu'en B (« Oiseau »). Le mammifère se dirige ensuite en ligne droite vers le point le plus élevé de l'organisation à M.

Ce diagramme ne montre que les branches majeures ; le lecteur est invité à imaginer les branches mineures représentant les sous-espèces.

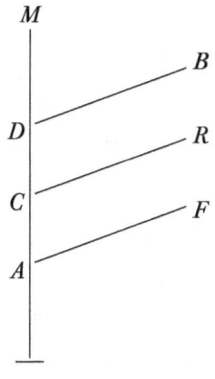

En général, *Vestiges* était une réinterprétation de ce que Lamarck avait dit ; mais il était plus intéressant parce que Dieu était mis à la base de tout le processus. Les nombreux desseins divins que Paley attribuait à chaque espèce étaient ici réduits à un seul : la loi de la transmutation.

Il s'agissait d'une perspective nouvelle pour la société victorienne ; mais, contre toute attente, le livre a séduit les lecteurs grâce à ce lien suggestif entre la science et la foi. Le livre est soudainement devenu un best-seller et l'identité de l'auteur est devenue un mystère intriguant qui n'a fait qu'augmenter les ventes.

Dans la communauté scientifique, cependant, il a été largement méprisé.

Après l'avoir lu, Adam Sedgwick, l'ancien professeur de Darwin, était scandalisé et a écrit un article de quatre-vingt-cinq pages pour le rejeter. Tout d'abord, les nombreux fossiles qu'il avait étudiés ne fournissaient aucune preuve d'une prétendue mutation survenue dans le passé ; de plus, les implications morales d'une limitation du rôle de Dieu dans la création auraient été insupportables.

Le géologue était également frustré de ne pas pouvoir s'adresser directement à la personne qui avait écrit ces bêtises. L'éditeur a dit qu'il n'avait reçu que le manuscrit, écrit d'une main gracieuse, probablement féminine, et que c'était tout. Sedgwick soupçonne alors que l'auteur est Ada Lovelace : mathématicienne, elle est une femme instruite et aussi la fille d'un artiste, le célèbre poète Lord Byron. Son père aurait pu l'aider à réaliser une telle œuvre littéraire : le livre était en effet trop bien écrit pour n'être que le succès chanceux d'un amateur.

Outre Sedgwick, William Whewell, l'astronome qui avait dirigé l'achèvement des traités de Bridgewater, a également ressenti le besoin d'intervenir. Peu après la publication de ce livre tristement célèbre, il a publié Indications of a Creator, une courte anthologie d'extraits de ses livres précédents et des traités. Whewell admet que les animaux changent, surtout lorsqu'ils sont élevés, mais ils ne le font que dans une certaine mesure. Comment, alors, est-il possible que des formes de vie plus avancées émergent de formes inférieures ? Alors l'homme lui-même, avec tous ses privilèges intellectuels, moraux et physiques, mû par une supposée « impulsion inhérente », doit être dérivé d'une autre créature, peut-être le singe.

« Ce recueil de doctrines sauvages et fantastiques, disait le Révérend à propos de *Vestiges*, ne sert que l'esprit des plus crédules. »

Malgré toutes ces critiques impitoyables, le livre a continué à se répandre. Il est désormais disponible en édition de poche bon marché, et aussi à l'étranger. En Amérique, Abraham Lincoln l'a pris et l'a lu avec grand intérêt, et du début à la fin, ce qu'il n'a pas fait, dit-on, avec tous les livres.

De plus, un curieux incident s'est produit lorsque le livre est arrivé à l'étranger. Obligé d'inclure le livre dans son catalogue, l'éditeur américain l'a annoncé comme suit : « *Vestiges of the Natural History of Creation*. Par Sir Richard Vyvyan. »

Membre du Parlement et membre de la Royal Society, Richard Vyvyan pourrait bien être le mystérieux auteur, et son nom commence à circuler parmi les lecteurs. En tant qu'homme riche et passionné de science, il pouvait s'offrir un laboratoire et une immense bibliothèque dans son manoir; mais l'indice le plus suspect est qu'il avait déjà écrit un livre qui ressemblait beaucoup à *Vestiges* : il s'intitulait *L'harmonie du monde compréhensible*, il était lui aussi anonyme, et l'auteur y illustrait le progrès de l'univers, vu, entre autres, dans la transmutation des espèces.

Cependant, lorsque Sir Vyvyan a pris connaissance de l'entrée, il a été irrité. Pour lui, un conservateur, la science était une affaire d'aristocrates; il n'aurait jamais perdu de temps à écrire quelque chose pour les masses. En fait, son livre n'avait circulé qu'entre amis proches, c'est pourquoi il était anonyme : ceux qui le lisaient connaissaient déjà son auteur. Mais comme des rumeurs avaient éclaté, il devait essayer d'y mettre un terme, et il a demandé à un journal de publier son démenti sur la paternité de *Vestiges*. La publicité américaine était une erreur de l'éditeur, voire un abus fait dans un but lucratif.

Le nom du véritable auteur restait encore un mystère.

Comment Darwin a eu l'idée

Pendant ce temps, Charles Darwin était revenu de son voyage. Peu après, il a épousé une cousine,

Emma Wedgwood, qui a pris le nom de famille de son mari, comme c'était la coutume à l'époque, et ensemble ils ont fondé une famille de dix enfants.

Bien qu'il dispose de beaucoup de matériel, Darwin prend du temps pour publier ses découvertes. Il a d'abord imprimé ses observations géologiques et a également contribué au rapport de Fitz-Roy, mais pendant la plupart des années qui ont suivi son retour, il a réfléchi à la manière de rassembler toutes ses notes.

Il avait rencontré un gros problème. En Amérique du Sud, il avait étudié des tortues ; il était évident qu'elles appartenaient à la même espèce, ou au même dessin, comme l'aurait dit Paley. Mais en même temps, ils avaient quelques différences, comme une forme de coquille différente selon l'endroit où ils vivaient.

Comment concilier similitude et diversité ? Un jour, dans sa voiture le long de la route, Darwin a été frappé par la solution : les êtres vivants ne suivent pas un schéma ; au contraire, ils ont tendance à se modifier pour survivre. Paley exagérait lorsqu'il disait que sans plan, il y aurait des animaux fantastiques, comme les licornes ou les sphinx. En réalité, comme les animaux doivent survivre, seules les modifications les plus utiles ont été transmises de génération en génération, donnant naissance aux espèces que nous connaissons aujourd'hui.

Pour expliquer cela, Darwin a réutilisé la métaphore de l'horloge en sa faveur : même l'instrument le plus sophistiqué est créé par des ajustements successifs de son créateur, et la création finale peut être considérée comme l'assemblage de tous les ajustements précédents.

De manière imprévisible, si, en tant qu'étudiant, il avait rejeté l'idée d'évolution suggérée par son grand-père en faveur des arguments de Paley, aujourd'hui, en tant que géologue expérimenté, il développe lui-même la théorie en détail.

Après être arrivé à cette conclusion, Darwin, comme tout autre gentleman de l'époque victorienne, a été pris dans l'indignation publique entourant *Vestiges of the Natural History of Creation*, qui présentaient au public une version grossière de ce qu'il venait de découvrir. Il avait lu le livre dans sa sixième édition et l'avait annoté, notant entre autres le mot « intrinsèque », que Whewell avait spécifiquement attaqué. En lisant des comptes rendus dans des revues scientifiques, il a rencontré d'autres objections qui pouvaient également être faites à sa théorie, et il les a notées dès qu'il les a lues, car il avait constaté que les faits contraires à ce qu'il croyait échappaient plus facilement à sa mémoire que ceux qui lui étaient favorables. Ensuite, au lieu de publier son livre immédiatement, il en a profité pour s'occuper de toutes les critiques qu'il aurait à affronter lui-même, ayant ainsi tout le temps de réfléchir à l'avance à la manière de répondre.

L'une de ces critiques a attiré son attention : comme toujours, elle était critique à l'égard du livre, mais en plus des observations scientifiques, elle était aussi particulièrement dure et sarcastique : « Nous cherchons des preuves de connaissances et trouvons ce qui pourrait être compris en lisant le *Chambers's Journal* ou le *Penny Magazine*. »

C'était la plume de Thomas Huxley, un biologiste et une tête brûlée. Il avait commencé sa carrière scientifique en tant que chirurgien de la marine, parcourant le monde jusqu'en Australie, comme l'avait fait Darwin. En quatre ans de voyage, il a lui aussi pu rassembler des preuves de l'évolution, mais il pensait que celle-ci ne pouvait se produire qu'au sein des espèces, et non de l'une à l'autre. Le livre Vestiges, en revanche, prétendait que les espèces pouvaient se transformer les unes en les autres, c'est pourquoi Huxley le méprisait tant ; de plus, il ne supportait pas la pauvreté et l'inexactitude des preuves scientifiques que l'auteur avait fournies pour étayer ses affirmations absurdes. Pour cela, Huxley s'est même moqué de son anonymat : « Si l'auteur de *Vestiges* devait être assez inconsidéré pour faire connaître son nom, il ne trouverait aucune crédibilité, ni auprès des mécaniciens, ni dans aucun autre département de la science. »

Après avoir lu son article, Darwin décide d'écrire à Huxley pour le complimenter sur son analyse exquise, ajoutant « mais je ne peux m'empêcher de penser que vous avez été plutôt dur avec le pauvre auteur. » Huxley est ravi d'avoir trouvé un pair capable de lui tenir tête et les deux hommes finissent par se connaître et devenir amis. Darwin est impressionné par l'intelligence de son nouvel ami et lui explique sa théorie de l'évolution. Huxley a un avis légèrement différent sur la question, mais accorde à son ami le bénéfice du doute.

À ce moment, vingt ans s'étaient écoulés depuis le voyage sur le Beagle ; à l'approche de la quarantaine, Darwin s'était laissé pousser une barbe blanche épaisse et socratique, et sa tête était devenue un bulbe brillant, qu'il couvrait d'un chapeau haut de forme noir, comme c'était la mode à l'époque. Il n'avait pas encore terminé son livre, bien que toutes les idées et les épreuves soient prêtes. Le projet n'avait fait que s'amplifier au fil du temps. Un jour, alors qu'il y travaille encore, il reçoit une enveloppe contenant un article écrit par Sir Alfred Wallace, membre de la Royal Society, lui demandant de le relire avant publication.

Il était intitulé *On the Tendency of Varieties to Depart Indefinitely from the Original Type*. Darwin s'est affaissé sur sa chaise : c'était exactement ce sur quoi il avait écrit. Apparemment, il avait attendu trop longtemps et Wallace a fini par arriver lui-même à la même conclusion. Cependant, il ne s'est pas trop inquiété : il s'est remis au travail ; en effet, comme il avait déjà publié de nombreux ouvrages auparavant, il a simplement coupé une grande partie du contenu du projet, en résumant et en se référant à d'autres sources pour les détails. Le résultat a été un livre beaucoup plus court et plus simple, prêt à être publié dans un délai beaucoup plus court. Il s'intitulait *L'origine des espèces*.

Bien qu'il s'agisse d'un livre scientifique, il est devenu un best-seller. Le jour même de sa sortie, il a vendu les 1250 exemplaires de la première édition, puis également 3000 exemplaires de la deuxième édition. Vingt ans plus tard, il s'est vendu à 16 000 exemplaires au total et a également été traduit en français, en italien et même en russe. Suite à ce grand succès, Darwin est devenu de manière inattendue un personnage public. Il s'est retrouvé à répondre à des lettres de personnes qui lui écrivaient simplement parce qu'elles avaient admiré son livre, et lui demandaient parfois un autographe, voire une photo. Cela peut paraître étrange aujourd'hui, mais ces personnes n'avaient peut-être jamais vu une photo de Darwin. Et comme les demandes devenaient de plus en plus fréquentes, l'érudit a commencé à garder un tas de portraits sur son bureau, prêts à être dédicacés et joints aux lettres des fans. Quelqu'un a également profité de cet empressement pour faire passer de fausses copies de ces cadeaux.

Quant à Huxley, il avait complètement changé d'avis sur l'évolutionnisme au quatrième chapitre du livre de son ami. Mais la célébrité s'accompagne aussi de critiques. Son ancien professeur Sedgwick, qui s'était opposé à *Vestiges*, a été déçu par *L'origine des espèces* et a écrit à son ancien élève qu'il ne pouvait le lire sans rire et sans être bouleversé. Son ami géologue Lyell l'écoutait avec intérêt, mais ne pouvait pas encore être entièrement d'accord avec lui, car il était toujours convaincu que les animaux ne pouvaient être modifiés que dans une certaine mesure.

Darwin n'a pas pris toutes ces observations à cœur, mais il n'a pas non plus pris la peine de défendre sa théorie. Sa santé étant un peu incertaine, il a préféré rester loin des feux de la rampe, se retirant dans sa maison de campagne. Il a simplement attendu que les mots écrits dans son livre s'installent dans l'esprit des gens.

Le débat d'Oxford

Huit mois après la publication de *L'origine des espèces*, Huxley est invité à un événement important : la 30e réunion annuelle de la British Association for the Advancement of Science, une communauté scientifique fondée pour être une alternative plus ouverte à la Royal Society, axée sur la vulgarisation scientifique. Huxley n'avait pas envie d'y aller, mais comme son ami le botaniste Joseph Hooker était également invité, ils ont accepté d'y aller ensemble.

L'événement aurait duré une semaine, du mercredi 27 juin au mercredi 4 juillet 1860. Avec Huxley et Hooker, mille sept cents hommes de science sont venus à Oxford de tout le pays ainsi que de certaines régions d'Europe. Aucun endroit ne pouvait mieux convenir à un tel rassemblement : les étudiants de la nature se sont réunis non seulement au milieu de la beauté naturelle que l'on pouvait trouver dans le jardin botanique et les parcs, mais ils étaient également entourés de bâtiments historiques de grande taille dans le style gothique typique, ainsi que d'objets artistiques rassemblés dans le musée Ashmolean.

Le premier jour, tous les participants se sont réunis à 16 heures dans le Sheldonian Theatre, une salle de concert et de conférence située à proximité de l'ancienne Bodleian Library. L'événement a été ouvert par le président de la BAAS, l'astronome Lord Wrottesley, qui a tenu un discours devant une foule nombreuse.

« Le contraste est frappant, a-t-il déclaré, si je compare l'état actuel de la science avec l'état de l'enseignement lorsque j'étais élève ici à Oxford, en 1814. Je considère l'école de physique, récemment instituée, et les prix qui y sont fondés pour encourager sa culture comme une raison d'espérer en l'avenir. »

Le président a ensuite énuméré tous les progrès les plus récents réalisés dans de nombreux domaines scientifiques. En astronomie, il a loué les travaux des observateurs privés aussi bien que ceux des observatoires publics, et a rapporté la découverte que le soleil n'occupe pas un point fixe dans l'univers, mais se déplace constamment, à la vitesse supposée de dix-huit mille milles à l'heure, vers un point de la constellation d'Hercule, entraînant avec lui tout le système planétaire et cométaire. En chimie, il raconte comment les belles teintures extraites de l'aniline, autrefois obtenues comme une curiosité chimique à partir des produits de la distillation du goudron, sont maintenant fabriquées comme un article de commerce, en raison de la demande de « mauve », « Magenta » et « Solferino », préparés par l'action d'agents oxydants (comme le bichromate de potasse, le sublimé corrosif et l'iodure de mercure) sur l'aniline. En géologie, il mentionne les outils en silex observés dans les grottes de Brixham et de Palerme, associés à des ossements de mammifères disparus, ce qui indique que l'homme a coexisté avec diverses espèces de quadrupèdes disparus.

Toutes ces découvertes, je pense, justifient les dépenses gouvernementales de 1000 livres par an pour la recherche scientifique. Les forces secrètes qui maintiennent les planètes dans leur course, l'étendue infinie de l'espace, les beautés et les prodiges d'ingéniosité dont font preuve tous les animaux et toutes les plantes, et les changements géologiques de notre planète, tout cela présente des merveilles et des mystères qui doivent toujours mettre à l'épreuve les plus grands efforts de l'esprit ! Le président a conclu : « Appliquons-nous toujours sérieusement à la recherche scientifique, assurés que plus nous exercerons et améliorerons nos facultés intellectuelles, plus nous serons dignes de nous approcher de notre Dieu. »

Il y eut une chaleureuse salve d'applaudissements. Huxley ne pouvait pas supporter toute cette rhétorique religieuse, et il fut le seul à rester immobile, les bras croisés. Après cela, tous les gens se sont levés, se sont serrés la main, certains ont bavardé un peu plus, et finalement ils se sont tous dispersés à la fin de la soirée, en attendant de se revoir le lendemain.

Le jeudi a commencé par une conférence dans la section Géographie et Ethnologie tenue par l'amiral Fitz-Roy, dans laquelle il a fait remarquer que les outils en silex mentionnés dans le discours d'ouverture étaient précisément similaires à d'autres que l'on trouve en Terre de Feu, comme il l'avait constaté lors de son voyage sur le Beagle. Après le discours, le marin rencontre Huxley, et ils évoquent leur ami commun. Le vieil homme regrette d'avoir embarqué sur son navire son ancien naturaliste, car cette expérience l'a aidé à écrire un livre aussi peu orthodoxe. Huxley grogne et laisse l'homme se plaindre seul.

Plus tard dans la journée, Huxley assiste à la présentation d'un article du célèbre paléontologue, le professeur Owen, dans la section D (botanique, zoologie et physiologie). Une discussion tendue s'engage lorsque le livre de Darwin est mentionné. Toutes les personnes présentes dans la salle connaissaient Huxley et son amitié avec l'auteur, elles ont donc essayé de le provoquer, mais il est resté silencieusement ennuyé, puisque la plupart des objections concernaient les implications morales de l'idée de son ami. Le professeur Owen prend à nouveau la parole, cette fois directement à lui. Le paléontologue affirme avec force que le cerveau d'un homme est complètement différent de celui d'un gorille. À ce moment-là, Huxley répond, avant de quitter brusquement la pièce : « Vous, les hommes d'église, n'avez rien à craindre, même s'il s'avère que les singes étaient vos ancêtres. »

Le vendredi soir, Huxley en a assez d'être frappé moralement, donc après une autre conférence, lui et Hooker décident de faire leurs bagages et de partir. Alors qu'ils descendent la rue pour regagner leurs chambres, ils sont abordés par un homme qui s'approche d'eux en boitant et en serrant sa canne, s'arrête et se présente ; mais Huxley laisse immédiatement échapper son nom au moment où on lui demande : « Est-ce que je parle à Thomas Huxley ?

— Oui, c'est moi.

— C'est un honneur de vous rencontrer, Dr Huxley. Je lis vos critiques tout le temps.

— Merci, monsieur. Vous vous amusez bien à la convention ?

— Très bien. Vous savez, je suis l'organisateur de la section D. J'ai hâte d'assister à la conférence de demain. Vous ne voulez pas faire un discours ?

— Eh bien, je suppose que je ne serai pas là. Mon ami et moi partons demain.

Dès qu'il a entendu cela, l'homme a protesté : « Non ! Nous allons discuter de la théorie darwinienne. Vous ne pouvez pas le manquer.

— Je suis désolé, monsieur. Je me suis fait l'idée que ce n'est pas devant ce public qu'il faut mener une telle discussion, car le sentiment empiéterait indûment sur l'intellect.

— S'il vous plaît, l'autre a insisté, ne nous trahissez pas »

Huxley était un peu étonné par cela. Puis, finalement, il s'est laissé convaincre : « Oh! Si vous dites comme ça, j'y vais participer. »

L'homme se réjouit à nouveau, les remercie tous les deux pour l'agréable conversation et répète le rendez-vous pour le lendemain. Alors qu'il s'éloigne en claudiquant, Huxley se tourne vers Hooker : « Mais qui était ce type-là ?

— Tu ne l'as pas reconnu ? C'est l'un des frères Chambers.

— Ah! Le boiteux.

— Il aura des nouvelles de première main à mettre dans son journal. Il tient vraiment à l'affaire.

— T'as bien dit ! ... "Ne nous trahissez pas" ... que diable voulait-il dire ? »

Mais ils sont arrivés à l'hôtel et se sont séparés pour la nuit.

Le lendemain, la conférence de la section D a eu lieu au Musée d'histoire naturelle de l'Université d'Oxford. Le bâtiment, qui peut encore être visité aujourd'hui, présente une longue façade avec deux rangées de fenêtres dans le style gothique italien, une haute tour carrée au centre, où se trouve la porte principale, et des toits pointus au sommet. L'entrée mène directement au grand espace du rez-de-chaussée, éclairé par la lumière naturelle qui entre par un plafond en verre. Ici, de grands os sont suspendus pour montrer la taille et la forme de créatures anciennes et disparues. L'espace est entouré de piliers carrés, dont certains renferment des statues de personnalités illustres des différentes branches des sciences naturelles ; les piliers soutiennent l'étage supérieur, qui est un couloir encadré par un arc en ogive menant aux salles de classe.

L'une de ces pièces avait été aménagée pour devenir la bibliothèque, étant la plus grande ; ce samedi-là, les scientifiques ont choisi de s'y réunir, car ils étaient plus de sept cents au début de la conférence, le matin. Hooker et Huxley sont arrivés alors que le discours d'ouverture avait déjà commencé ; Chambers s'est levé pour les accueillir et les a conduits au premier rang, où il leur avait réservé deux sièges. L'orateur était le professeur John W. Draper, un célèbre historien de New York. Draper a presque terminé ; pour conclure, il demande solennellement : « Sommes-nous une collection fortuite d'atomes ? » La réponse sera donnée lors de la prochaine conférence, qui aura lieu après le déjeuner.

Cependant, la conférence du matin était si longue et ennuyeuse qu'à la session de l'après-midi, la moitié du public était parti. Le président de la session, le botaniste John S. Henslow, aperçoit les deux nouveaux venus et se joint à eux. Il serre la main de son collègue Hooker, qui le présente à Huxley. Dès que Henslow a appris qu'il était un ami de Darwin, il a été heureux de lui poser des questions sur son ancien élève, puisqu'il avait été son professeur de botanique à Cambridge. Mais puis devint un peu sombre et leur dit à tous les deux : « Le prochain sera lourd. Vous n'aimeriez pas intervenir ?

— Non, Huxley a répondu, je pense que je vais juste écouter et souffrir. »

Henslow lève un sourcil et grogne d'amusement, puis rejoint son siège.

Lorsque tous les invités ont pris place, le président a pris la parole : « Bonjour à tous. L'évêque d'Oxford a demandé à parler du livre de Charles Darwin, *L'origine des espèces*, récemment publié à Londres. Nous accueillons le Révérend Samuel Wilberforce. » Au milieu d'applaudissements polis, l'évêque se lève et se dirige vers le centre de l'auditoire. Couvert par le bruit, Hooker chuchote à son ami : « Son surnom est Sam Savonnette. Je ne sais pas pourquoi, mais argumenter avec lui est certainement glissant. C'est le meilleur orateur d'Oxford. »

Wilberforce a retroussé les manches volumineuses de son costume et dès que le silence le lui a permis, il a commencé son discours. Il a lu quelques articles sur le pupitre, mais a souvent levé les yeux vers le public lors des passages les plus poignants.

« Toute contribution de la plume de Charles Darwin à notre littérature d'histoire naturelle ne peut qu'attirer l'attention. Cet essai est plein de l'excellence caractéristique de Darwin. C'est un livre des plus lisibles, plein de faits d'histoire naturelle, anciens et nouveaux, tous racontés dans son langage perspicace, tous placés dans des combinaisons pittoresques, tous allumés par les couleurs de la fantaisie et les lumières de l'imagination. Il prend, en outre, les proportions sérieuses d'une argumentation soutenue sur un sujet du plus profond intérêt, non seulement pour les naturalistes, ou même seulement pour les hommes de science, mais pour tous ceux qui s'intéressent à l'histoire de l'homme et aux relations de la nature qui l'entoure avec l'histoire et le plan de la création.

« La conclusion, donc, à laquelle Darwin voudrait nous conduire, est que toutes les diverses formes de vie végétale et animale dont le globe est aujourd'hui peuplé, ou dont nous trouvons les restes conservés à l'état fossile dans le grand musée qui nous abrite, sont venues par succession naturelle de père en fils. Cette conclusion est sans doute un peu surprenante à première vue. Mais nous sommes des élèves trop fidèles de la philosophie inductive pour renoncer à toute conclusion en raison de son étrangeté. »

L'évêque tourne une page et jette un regard rapide à Huxley, remarquant sa présence. Le naturaliste n'était pas du tout à l'aise. Le discours a continué.

« Une des parties les plus intéressantes du volume de Darwin est celle où il établit la loi de la sélection naturelle ; je dis établit, parce que – répétant que je diffère totalement de lui quant aux limites qu'il assignerait à son action – je n'ai aucun doute sur l'existence ou l'importance de la loi elle-même.

« Mais il faut d'abord montrer que, dans la nature, l'accumulation de ces variations favorables par descendance successive est activement à l'œuvre. Si cette proposition ne peut être établie, toute la théorie de Darwin s'écroule.

« Il existe une race d'animaux bien connue qui a été l'amie et la compagne de l'homme depuis que l'Ulysse errant est revenu à Ithaque, et dont l'homme a eu intérêt à obtenir toutes les variations qu'il pouvait extraire de la souche originale. Le résultat est sous nos yeux tous les jours. Écoutez ce que le professeur Owen a à dire à ce sujet :

> "Aucune espèce animale n'a été soumise à des expériences aussi décisives, poursuivies pendant tant de générations, que le chien ; pourtant, sous le signe extrême d'une telle variété super-induite, le naturaliste identifie dans la formule dentaire et la construction du crâne les caractères génériques et spécifiques indubitables de *Canis familiaris*."

« Tout simplement, les chiens sont ce qu'ils ont toujours été. »

Le public a acquiescé.

« Mais nous ne devons pas passer sous silence le transfert de l'argument des animaux domestiqués aux animaux non domestiqués. Partant du principe que l'homme, en tant qu'éleveur, peut faire beaucoup en un temps limité, Darwin soutient que la Nature, une force plus puissante, plus continue, opérant sur des intervalles de temps très étendus, peut faire plus.

« L'autre solution que M. Darwin emploie plus librement et, je crois, de manière non scientifique, pour se débarrasser des difficultés, est l'utilisation du temps. Il la raccourcit ou la rallonge à volonté d'un simple coup de baguette magique.

« "Je ne vois pas de début à ce changement présageux", dit l'observateur de la nature.

« "C'est vrai, dit le grand magicien, avec un calme qu'aucune difficulté provenant de l'obstination des faits ne peut troubler; c'est vrai, mais rappelez-vous l'effet du temps. Ajoutez quelques centaines de millions d'années en plus ou en moins, et pourquoi tous ces changements ne seraient-ils pas possibles, et, s'ils sont possibles, pourquoi ne puis-je pas supposer qu'ils sont réels?" »

Un léger éclat de rire se répand parmi les auditeurs. Wilberforce s'est joint à la joie collective, ce qui l'a encouragé à insister davantage. Mais d'abord, par nervosité, l'évêque s'est frotté les paumes des mains, comme pour se laver les mains.

« Pourquoi la nature, si uniforme et si persistante dans toutes ses opérations, tendrait-elle dans ce cas à changer? Pourquoi devrait-elle devenir un sélectionneur de variétés? Car, argumente ingénieusement Darwin, dans la lutte pour la vie, si une variété favorable à l'individu se développait, ce dernier aurait plus de chances. Si vous appliquez le système de Darwin des animaux inférieurs à l'homme lui-même, vous finissez par le considérer, avec son pouvoir de parole articulée, son don de la raison, son libre arbitre... vous considérez l'homme comme un *singe amélioré*. »

Maintenant les gens murmuraient. Wilberforce voulait profiter de ce scandale et aller plus au fond. Il a baissé ses notes et s'est adressé directement à Huxley. Il demande sarcastiquement si c'est à cause de son grand-père ou de sa grand-mère qu'il doit revendiquer sa descendance d'un singe.

Silence. Huxley se penche sur le côté et chuchote à ses voisins ; quelqu'un dira plus tard l'avoir entendu dire : « Dieu l'a livré entre mes mains. » Puis il s'est levé et a attendu. Finalement, il a parlé, mais personne ne se souvient exactement de ce qu'il a dit, car c'était trop scandaleux. Huxley aurait dit que non, il n'avait pas honte d'avoir un singe comme ancêtre, mais qu'il aurait eu honte d'être apparenté à un homme qui obscurcit la vérité.

Tout le monde était incrédule en entendant ces mots. Une femme s'évanouit, stupéfaite par une telle insolence ; un bavardage nerveux se répand dans la foule, quelqu'un appelle à l'aide.

Puis, le naturaliste poursuivit, couvrant le bruit : « Ce musée expose des coquillages fossiles d'une incommensurable ancienneté, aussi parfaits que le jour où ils ont été formés, des squelettes entiers sans un membre hors de place. Mais, remarquablement, la plupart de ces espèces enfouies sont complètement différentes de celles qui vivent aujourd'hui. Et cette similitude n'est pas sans règles et sans ordre. En d'autres termes, il y a eu une succession régulière d'êtres vivants, chaque groupe plus jeune étant, dans un sens très large et général, un peu plus semblable à ceux qui vivent actuellement. »

Wilberforce l'interrompt : « La plupart de nos auditeurs savent que l'estomac et tout le système digestif des carnivores sont construits sur un type complètement différent de celui des animaux graminivores. Mais d'où vient cette différence, si ces différentes structures peuvent revendiquer une origine commune ? Un permutationniste peut-il prétendre que l'expérience nous donne une raison de croire que tout changement de nourriture, aussi artificiel ou forcé soit-il, a déjà changé ou peut changer un type ou un autre ? Où donc, dans les formes les plus proches, se trouvait le premier commencement de la diversité ?

— Votre Paley ne vous a-t-il pas dit que cet organe apparemment inutile, la rate, est splendidement adapté parmi les autres organes ?, a répondu Huxley. Et pourtant, dès le début de vos études, vous aurez aussi découvert des dents rudimentaires, qui ne sont jamais utilisées, dans les gencives du veau et dans celles du fœtus de la baleine ; des insectes qui ne piquent jamais ont des mâchoires rudimentaires, et d'autres qui ne volent jamais ont des ailes rudimentaires ; des créatures naturellement aveugles ont des yeux rudimentaires.

— Il existe une autre grande catégorie de cas auxquels votre ami ne propose aucune solution, l'évêque répond. Je parle des animaux qui, comme de nombreux serpents, possèdent des organes spéciaux pour sécréter du venin et le déverser à volonté. L'ensemble des glandes, conduits et autres vaisseaux employés à cet effet sont, comme le dirait tout anatomiste comparatif instruit, si complètement séparés des lois ordinaires de la vie animale, et propres à eux-mêmes, que leur dérivation de géniteurs qui ne les possédaient pas, par une modification naturelle quelconque, serait une contradiction merveilleuse de toutes les lois de la descendance que nous connaissons.

— Les individus d'une espèce sont comme l'équipage d'un navire coulé, et seuls les bons nageurs ont une chance d'atteindre la terre ferme. Comme il s'agit sans aucun doute des conditions nécessaires à l'existence des êtres vivants, Darwin y découvre l'instrument de la sélection naturelle. Ainsi, encore une fois, aucun animal ne prend sa forme parfaite en une seule fois, mais tous doivent partir du même point, aussi différent que soit le chemin que chacun doit suivre. »

Hooker se leva finalement, posa la main sur l'épaule de son ami et intervint : « La théorie de M. Darwin n'affirme pas la transmutation des espèces existantes les unes dans les autres, ce qui est tout à fait différent du développement successif des espèces par la variation et la sélection naturelle, une hypothèse qui, je crois, est fortement soutenue par les caractéristiques du règne végétal. Cependant, je me réserve la liberté de reprendre mon allégeance à la doctrine (avec laquelle j'ai commencé l'étude des sciences naturelles) selon laquelle les espèces sont des "créations originales". »

Wilberforce semblait triomphant. « La difficulté présentée est extrême, dit-il, mais la théorie de la transmutation ne fournit aucun indice de la solution. Si, avec votre ami, en violation de toutes les observations, vous abattez la barrière entre les classes de vie végétale et animale, et supposez que chaque animal est un végétal "amélioré", vous ne faites qu'apporter votre difficulté avec vous dans le monde végétal ; car comment les graines pourraient-elles exister s'il n'y avait pas eu de plantes pour les semer ?

« Si l'on place le premier commencement où l'on veut, ce commencement doit contenir l'histoire apparente d'un passé qui n'a existé que dans l'esprit du Créateur. Pour échapper à la difficulté de la Création, il suffit de la transporter du premier homme au premier singe. »

Même acculé, Huxley n'a pas renoncé et a ajouté l'argument final : « C'est tout autre chose que d'affirmer absolument la vérité ou la fausseté des vues de M. Darwin au stade actuel de la recherche. Goethe a un excellent aphorisme définissant cet état d'esprit qu'il appelle *Thätige Skepsis*, le doute actif. C'est un doute qui aime tellement la vérité qu'il n'ose pas se reposer dans le doute, ni s'éteindre par une conviction injustifiée ; et je recommande cet état d'esprit aux spécialistes des espèces, en ce qui concerne l'hypothèse de Darwin ou toute autre hypothèse sur leur origine. »

Il s'est assis et a attendu la fin de la conférence.

L'opinion publique sur Darwin

Après le débat d'Oxford, l'opinion publique avait des sentiments mitigés à l'égard des idées de Darwin. La plupart de la presse était initialement en faveur de Wilberforce.

L'*Athenaeum* a d'abord couvert l'incident, mais n'a pas accordé beaucoup d'espace à l'échange animé entre Huxley et Wilberforce, omettant notamment les comparaisons avec les singes, peut-être parce que cela était considéré comme un comportement inapproprié pour deux gentlemen.

Robert Chambers, quant à lui, était ravi de l'intervention de Huxley, mais son frère et lui avaient une ligne éditoriale qui ne permettait pas de parler de politique ou de religion, aussi ne rapportent-ils qu'un résumé de la réunion, mentionnant à peine le débat. Le *Chambers' Edinburgh Journal* écrit : « L'évêque d'Oxford a fait une démonstration de rhétorique, qui a conduit à une réponse intelligente et quelque peu éclatante du professeur Huxley. »

Après tout, il n'était pas facile pour la majorité d'abandonner la croyance que Dieu n'avait pas participé à la création des animaux ; et de plus, même si Darwin n'avait pas encore abordé la question, il était tout à fait implicite que si ce qu'il disait pour les autres espèces était vrai, cela le serait aussi pour les êtres humains, qui seraient probablement des descendants de singes.

L'indignation née de ces réflexions a trouvé un exutoire : l'humour. L'évolutionnisme est une théorie scientifique qui a été beaucoup ridiculisée, non seulement en paroles mais aussi en images. Les caricatures des magazines satiriques de l'époque se sont moquées des absurdités de *L'origine des espèces*, en exagérant et en déformant souvent ses implications.

Au départ, les caricatures de singes prétendant être des êtres humains jouaient sur le contraste saisissant entre ces animaux sauvages et la société victorienne, considérée comme élégante et snob.

Dans l'édition du 18 mai 1861, le magazine *Punch* présente deux caricatures de ce type à quelques pages d'intervalle. Le premier (Fig. 7.2) s'intitulait « Monkeyana », un mot qui imitait les noms de recueils de faits sur les grands auteurs littéraires, tels que « Virgiliana » ou « Shakespeariana ».

FIGURE 7.2

En fait, sous le dessin se trouvait un court poème parodiant toutes les théories de l'évolution, de *Vestiges* à Darwin et même Huxley, et à la fin il était signé « Gorilla », ce qui impliquait qu'un singe était capable d'écrire de la poésie, une capacité généralement attribuée aux intellects les plus raffinés.

La phrase inscrite sur le panneau accroché au cou du gorille est la suivante : « Suis-je un homme et un frère ? ». Il s'agit de la célèbre devise du mouvement pour l'abolition de l'esclavage, que l'on retrouve sur les images d'un homme noir enchaîné, agenouillé et priant pour un peu de pitié humaine. Par une coïncidence surprenante, cette devise a été popularisée par Josiah Wedgwood, grand-père d'Emma, l'épouse de Darwin, un potier qui a imprimé l'image sur des médaillons bleus que les esclaves et les abolitionnistes portaient pour prendre position pour la cause. Ainsi, la caricature « Monkeyana » (Fig. 7.2), en manipulant le sens du slogan original, exagère les revendications anti-esclavagistes en les étendant au règne animal, avec une ironie raciste et anti-évolutionniste.

L'autre caricature (Fig. 7.3) parue dans le même numéro de *Punch* montrait un gorille habillé comme un gentleman de l'époque entrant dans une fête en tant que « Le lion de la saison », comme le disait le titre, ce qui faisait écho à une manière de définir une célébrité. Un huissier accueille la star, mais ne peut contenir son horreur : « M. G-G-G-O-O-rilla ! »

FIGURE 7.3

Une fois encore, l'ironie de la scène tient au fait que les frontières entre nature et culture sont floues, ce que même Darwin n'avait pas imaginé.

Un autre thème récurrent dans ces caricatures était la représentation de l'évolution vue comme cyclique. Une caricature (Fig. 7.4) de Henry Woolf est parue dans le *Harper's Weekly* en 1871 sous le titre *Le rêve d'un étudiant darwinien après le dîner.* Les couverts sur la table se transforment en poissons et en chats, l'huître se transforme en la fille dont l'étudiant est amoureux, la bouteille de vin est le prêtre de leur mariage et la coupe à fruits devient leur enfant.

FIGURE 7.4

Le passage soudain des objets inanimés aux organismes vivants était une exagération grossière (mais amusante) de ce que disait Darwin. Dans ces transformations absurdes, l'homme dérive non seulement des objets, mais aussi d'animaux autres que les singes, également considérés comme sauvages ou dégoûtants, tels que les vers et les porcs. Tout simplement, l'évolution était considérée comme illimitée, comme le croyait Paley.

À un moment donné, Darwin lui-même a commencé à apparaître dans les dessins. Thomas Nast, pour *Harper's Weekly*, a imaginé une rencontre hilarante (Fig. 7.5) : Darwin marche dans la rue, un exemplaire de *L'origine des espèces* sous le bras ; alors qu'il passe devant la « Société pour la prévention de la cruauté envers les animaux », il est arrêté par le cri d'un gorille qui l'accuse : « Cet homme veut revendiquer mon pedigree. Il dit qu'il est l'un de mes descendants. » Henry Bergh, président de la société, s'approche alors et demande au savant : « M. Darwin, comment avez-vous pu l'insulter de la sorte ? »

Comme dans le dessin du M. Gorilla (Fig. 7.3), l'homme et le singe sont comparés de manière obscène, mais cette fois, leur relation est également inversée, rendant l'animal supérieur à son congénère. En effet, la satire repose, depuis son origine latine, sur la subversion de l'ordre social : elle est l'archétype ancestral du carnaval, où l'esclave devient maître et le maître devient esclave. Le satiriste victorien se moquait des craintes du gentleman victorien, se délectant de l'idée que l'être humain était dérivé du singe et non de Dieu.

Dès lors, les caricatures de Darwin, considéré comme la personnification de l'évolutionnisme, se

MR. BERGH TO THE RESCUE.

THE DEFRAUDED GORILLA. "That *Man* wants to claim my Pedigree. He says he is one of my Descendants."
Mr. BERGH. "Now, Mr. DARWIN, how could you insult him so?"

FIGURE 7.5

multiplient, bien qu'il participe peu au débat public à ce sujet. On peut dire que la théorie a pu se répandre plus rapidement et plus facilement précisément parce qu'elle avait un visage. En effet, Darwin avait une apparence très reconnaissable, une barbe iconique et des sourcils prononcés : il était facile en faire des caricatures amusantes. Et quand l'indignation a augmenté, les blagues sont devenues méchantes.

Comme on pouvait s'y attendre, Darwin et les singes ont fini par fusionner, comme l'a fait *The Hornet* dans son numéro du 22 mars 1871 (Fig. 7.6). Darwin a un regard profond et méditatif, son visage et son menton sont anormalement grands par rapport à son corps, et il semble errer sans but dans la jungle. La légende en dessous indiquait « Un vénérable Orang-outang », faisant référence à l'âge avancé de Darwin comme une raison de sagesse, malgré le fait que les singes sont généralement considérés comme des bêtes stupides.

Le sous-titre joue à nouveau sur l'ambiguïté : « Une contribution à l'histoire contre-nature », célébrant ironiquement l'absurdité de la théorie de Darwin.

Comment Darwin a-t-il réagi à toutes ces moqueries ? Pas en la prenant personnellement, comme toute autre critique. Au contraire, il a conservé toutes les caricatures qui le représentent et plaisantait avec ses amis sur ses dernières représentations : « Ah! Le *Punch* s'est encore moqué de moi ? » ou « Vous m'avez vu dans *The Hornet* ? »

Au fil des ans, le débat d'Oxford n'a pas été oublié, il est même devenu presque légendaire, une bataille épique entre la science et la foi. Pourtant, Samuel Wilberforce n'a jamais eu l'intention de contester Darwin en raison de ses convictions religieuses ; comme il l'a écrit dans la critique de son essai : « Je me suis opposé à ces vues uniquement pour des raisons scientifiques. Je n'ai aucune sympathie pour ceux qui s'opposent à tout fait de la nature parce qu'ils pensent qu'il contredit la Révé-

A VENERABLE ORANG-OUTANG.
A CONTRIBUTION TO UNNATURAL HISTORY.

FIGURE 7.6

lation. Je pense que toutes ces objections sentent la timidité qui est vraiment incompatible avec une foi ferme et instruite. »

Cependant, Huxley n'a jamais pu mettre leur confrontation derrière lui. La réponse cinglante qu'il donne à l'évêque lui vaut le surnom de « bulldog de Darwin ». Finalement, il a appris la mort violente de Wilberforce. Un jour, l'évêque montait à cheval ; l'animal a trébuché et il est tombé. Huxley a commenté : « Pauvre cher Sammy ! Pour une fois, la réalité et son cerveau sont entrés en contact et le résultat a été fatal. »

Quarante ans plus tard, le chanoine Farrar, philologue et admirateur de Darwin, écrit au fils de Huxley, Leonard, et lui raconte sa version de ce qui s'est passé ce jour-là à Oxford. Selon Farrar, les propos de Wilberforce ont été quelque peu gonflés par la presse, comme l'épisode en général. En effet, quelle est la probabilité qu'un agnostique comme Huxley ait remercié Dieu pour le faux pas de l'évêque ? Dans son discours, l'évêque parlait de l'immuabilité des espèces chez les chiens, puis critiquait l'utilisation abusive de la variable temps par Darwin ; à ce moment-là, il a posé cette question rhétorique. Wilberforce, cependant, n'aurait pas interrogé Huxley sur *ses* grands-parents (ceux de Huxley), mais sur *les siens* (ceux de Wilberforce). Comme il était sarcastique, il a probablement utilisé la troisième personne dans un sens impersonnel, et Huxley a donc cru qu'il se référait à lui.

Qui a écrit Vestiges ?

Expliquant comment il était arrivé à sa version de l'évolutionnisme, Sir Alfred Wallace avait l'habitude de dire qu'un grand livre l'avait inspiré. Ce livre était *Vestiges of the Natural History of Creation.* Darwin, lorsqu'il l'a lu, n'était pas entièrement convaincu ; son ami Huxley le considérait comme une pure pseudoscience ; Wallace, au contraire, était l'un des partisans de cet ouvrage controversé. Il l'avait lu avec enthousiasme et plaisir, mais était quelque peu déçu qu'il n'offrait aucune explication réelle sur la façon dont les espèces avaient changé. Il a donc décidé de le découvrir par lui-même en menant des recherches scientifiques qui l'ont conduit jusqu'aux îles malaisiennes.

Ce livre, paru 15 ans avant *L'origine des espèces*, était si célèbre que Darwin a été accusé de l'avoir plagié ; mais les similitudes n'étaient que superficielles, car Darwin a construit sa théorie sur ses observations, alors que l'auteur de *Vestiges* avait suivi une approche philosophique qui aurait été bonne deux siècles plus tôt, mais qui était alors dépréciée dans l'étude de la nature.

Qui était donc le mystérieux écrivain ? Darwin avait toujours eu un soupçon.

Quelques années avant la publication de *Vestiges*, il avait fait la connaissance de Robert Chambers à la suite d'un malheureux malentendu. L'écrivain était sur le point d'effectuer un voyage dans les régions les plus reculées d'Écosse et Darwin lui a demandé s'il pouvait vérifier certaines informations pour lui; il lui a également remis un de ses articles dans lequel il décrivait un phénomène que l'on peut observer dans la vallée de Glen Roy, les routes parallèles, les terrasses horizontales sur les flancs des montagnes qui sont les signes d'un ancien rivage. Lorsque Chambers sortit le livre décrivant le voyage, intitulé Ancient Sea Margins, Darwin le lut et vit que l'auteur prétendait avoir découvert un ancien rivage à Glen Roy. Non seulement il n'avait donc pas lu son article, mais il ne l'avait même pas mentionné. Plus tard, après qu'on le lui a fait remarquer, Chambers s'est excusé pour le dérangement, mais il est toujours resté convaincu qu'il s'en était rendu compte lui-même.

À partir de ce moment-là, Darwin fut toujours un peu agacé par cet homme; mais il s'en souvint lorsque *Vestiges* parut, car il put constater que nombre des erreurs de biologie que Chambers commettait habituellement se retrouvaient également dans le nouveau et mystérieux livre. Il a écrit à Hooker : « D'une certaine manière, je suis parfai-

tement convaincu que Chambers en est l'auteur. »
Mais il n'était jamais certain.

Deux ans après la mort de Darwin, la douzième édition des Vestiges est parue, quarante ans après la première édition du livre. Cette fois, le nom est apparu sur la page de titre (Fig. 7.7).

Lorsque Huxley a appris cela, il s'est souvenu de celle rencontre à Oxford entre lui et Robert Chambers, qui était mort depuis longtemps, et son frère avait publié ses mémoires. Il s'est retrouvé quelque peu embarrassé par la critique qu'il avait écrite la première fois qu'il avait lu le livre. Il regrette cependant le ton, pas le contenu : selon lui, les *Vestiges of the Natural History of Creation*, et son auteur, n'ont pas leur place dans la communauté scientifique.

Et en effet, il avait raison, mais pas entièrement. Si l'on exclut l'ambition de l'auteur de contribuer réellement à la science, *Vestiges* est avant tout de la littérature. Il s'agit bien d'un ouvrage de vulgarisation scientifique spectaculaire, mais au lieu de rapporter les découvertes récentes, Chambers rassemble les nombreuses notions de sciences naturelles qu'il avait apprises en autodidacte, et les combine ensuite avec l'imagination. L'alternance entre faits et fiction est un procédé narratif typique du roman historique de Sir Walter Scott, que Chambers connaissait personnellement : l'élève

VESTIGES

OF THE

NATURAL HISTORY OF CREATION

BY
ROBERT CHAMBERS, LL.D.
AUTHOR OF ANCIENT SEA MARGINS; TRADITIONS OF EDINBURGH; ETC.

Twelfth Edition

WITH
AN INTRODUCTION
RELATING TO THE AUTHORSHIP OF THE WORK

BY
ALEXANDER IRELAND
AUTHOR OF MEMOIRS AND RECOLLECTIONS OF R. W. EMERSON, ETC.

W. & R. CHAMBERS
LONDON AND EDINBURGH
1884

FIGURE 7.7. Douzième édition de *Vestiges of the Natural History of Creation*, dans laquelle le nom de l'auteur apparaît pour la première fois (1884).

tentait de faire avec la science ce que le maître a fait avec l'histoire.

Une œuvre littéraire pousse l'imagination du lecteur au-delà de l'horizon de ce qu'il connaît, et lorsque le lecteur est un scientifique, ce qu'il a imaginé dans sa lecture peut motiver ses recherches. En effet, la curiosité est utile non seulement pour apprendre quelque chose de déjà établi, mais aussi pour pousser à la découverte de quelque chose de nouveau. Et c'est ce qui s'est passé lorsque Sir Alfred Wallace a lu *Vestiges*, un exemple moderne de littérature au service de la science.

Darwin, outre son aversion pour Chambers, a écrit son opinion définitive à son sujet dans la préface de *L'origine des espèces* :

> L'ouvrage, de par son style puissant et brillant, bien que faisant preuve dans les premières éditions de peu de connaissances précises et d'un grand manque de prudence scientifique, a eu immédiatement une large diffusion. A mon avis, il a rendu d'excellents services dans ce pays en attirant l'attention sur le sujet, en éliminant les préjugés, et en préparant ainsi le terrain pour la réception de vues analogues.

Une métaphore de l'évolutionnisme est la meilleure façon de décrire simplement son fonctionnement. La plus célèbre a été faite par Darwin lui-même. L'évolution ne suit pas le chemin d'une chaîne, dans laquelle toutes les différentes espèces animales évoluent les unes après les autres, en s'excluant mutuellement les unes après les autres ; au contraire, l'évolution se déroule comme les branches d'un arbre, où chaque branche naît d'une autre, et entre d'autres branches, dont certaines génèrent de multiples autres branches, ou meurent en dépérissant. L'arbre de vie.

Cependant, dans ses carnets, Darwin a utilisé une autre métaphore, moins connue mais plus efficace, pour décrire la façon dont la vie se manifeste au fil du temps : la métaphore du corail. Comme dans un arbre, les branches du corail poussent à partir d'autres branches, mais aucune n'est plus importante que l'autre. Il n'y a pas de tronc : chaque branche devient le tronc de la génération suivante de branches. Et les branches qui meurent tombent et deviennent un squelette mort, la seule trace de ce qui a été.

8.
Succès et échecs

Au début, il n'y avait que l'autorité scientifique, mais ensuite de nombreuses communautés scientifiques nationales ont commencé à se réunir, chacune parlant une langue différente. Après que la vulgarisation scientifique soit devenue une activité d'édition lucrative, elle a pu mieux nourrir la curiosité du public avec des périodiques de plus en plus qualitatifs, même si tous n'ont pas connu le succès.

Les experts scientifiques ont également profité de ces publications, exploitant leur fréquence pour communiquer avec leurs collègues à court terme ; ils se sont ainsi regroupés dans la communauté scientifique internationale anglophone, se donnant même le nom de « scientifiques ».

Le début d'un éditeur

Après la défaite de Napoléon, l'Italie du Nord (précédemment unifiée par la France) est divisée entre le royaume de Charles-Albert et Ferdinand Ier d'Autriche. Le principal port de l'Autriche devient la ville de Trieste, qui surplombe la mer Adriatique. À Trieste, la communauté juive était une ville dans la ville, une port pour les gens venant d'Allemagne et d'Italie centrale, des Balkans, jusque de l'Hongrie et de la Pologne.

Pendant ces années de domination étrangère, un éminent rabbin, Sabbato Treves, arrive de Turin pour rejoindre la communauté et en devenir le chef. Il s'est marié et a eu trois fils, qui ont rejoint sa grande famille avec les trois autres filles d'un précédent mariage.

Son deuxième fils porte deux noms, le premier italien, le second biblique : Emilio Salomone Treves. Adolescent, Emilio est pris par l'esprit révolutionnaire de l'époque, qu'il exprime dans sa première œuvre littéraire, la tragédie historique *Richesse et misère*, située dans la lointaine époque napoléonienne (lorsque l'Italie était unie), qu'Emilio réussit à mettre en scène alors qu'il n'avait que 17 ans. La dernière ligne est un cri de révolte emphatique de Joséphine Bonaparte, qui fait allusion de manière pas trop voilée aux gouverneurs étrangers : « Aux empires fondés sur le crime, Dieu accorde peu de vie ! »

La conséquence de cette audace n'est que la censure de son œuvre ; cependant, le jeune Emilio est bientôt impliqué avec son frère dans un autre incident.

Un matin, des douaniers ont inspecté deux brigades sardes et ont trouvé des caisses marquées « objets divers » ; ils les ont ouvertes et ont découvert qu'elles étaient remplies de livres de propagande indépendantiste. Elles étaient adressées à la bibliothèque principale de la ville ; le bibliothécaire était Enrico Treves, l'autre fils de Sabbato. La police l'a arrêté et a fouillé sa maison. Ils ont trouvé d'autres livres cachés dans l'armoire de sa sœur et des lettres aux acheteurs écrites par son frère Emilio.

Les deux frères ont été jugés. Emilio a été acquitté de toutes les charges, tandis qu'Enrico a été condamné à quatre ans de prison ; heureusement, il a été gracié. C'est un soulagement pour le père, mais à partir de ce moment-là, il devra toujours faire l'éloge des dirigeants autrichiens dans ses sermons pour protéger sa famille et sa communauté de nouveaux bouleversements.

Peut-être pour éviter de causer plus de problèmes à ses frères, Emilio a décidé de partir à l'étranger après cette mauvaise expérience. Il s'est d'abord rendu à Milan, puis à Paris, en France.

Pendant son séjour à l'étranger, M. Treves a pu apprendre beaucoup de choses sur le monde de l'édition et a également acquis une certaine expérience en tant que journaliste. La France aussi connaît une période de bouleversements politiques : Napoléon III est à l'origine d'un conflit territorial au Moyen-Orient avec l'empereur Alexandre II de Russie et les deux hommes s'affrontent lors de la guerre de Crimée. Le roi Victor Emmanuel II, successeur de Charles Albert, aide Napoléon III en envoyant un grand nombre de troupes, et la coalition finit par l'emporter. Treves a pu assister et raconter le traité de paix signé à Paris.

Plus tard, Victor Emmanuel II, en cédant certains territoires à Napoléon III, obtient son soutien et mène une guerre contre l'Autriche pour l'indépendance de la péninsule. Après avoir conquis Milan, l'expédition de Giuseppe Garibaldi a également conquis les territoires du sud. Le Royaume d'Italie est alors déclaré en 1861, bien que toutes les villes n'aient pas été reconquises, notamment Rome.

La même année, Treves était retourné en Italie et avait rencontré à Milan la riche et cultivée Suzette Thompson, une Londonienne venue en Italie pour étudier la musique, et les deux se sont mariés dans sa ville natale.

Treves, qui a également passé quelque temps à Londres, où, comme à Paris, la vulgarisation scientifique était une activité vivante, a finalement conçu le projet de devenir éditeur.

L'origine de Nature

En 1868, Norman Lockyer, un astronome amateur, observe le Soleil et remarque une couleur étrange sur certaines parties de sa surface. Il a ensuite comparé cette teinte avec les couleurs émises par les autres éléments chimiques qui composent l'étoile, mais n'a trouvé aucune correspondance. En effet, il venait de découvrir un nouvel élément dans le Soleil : l'hélium. L'année suivant la publication de sa découverte, Lockyer est élu membre de la Royal Society. Il avait 33 ans.

Cependant, sa carrière n'a pas commencé en tant que scientifique. À l'âge de 20 ans, il avait trouvé un emploi au War Office, l'ancien ministère de la défense du Royaume-Uni. Un jour, alors qu'il était au travail, Lockyer s'est retrouvé à errer dans l'observatoire, où se trouvait le télescope, et ses collègues l'ont encouragé à l'essayer. Il se lance donc dans l'étude de l'astronomie et découvre sa passion. Au bout d'un certain temps, il finit par acheter son propre télescope et l'installe chez lui, dans le jardin.

Discutant de son hobby avec un ami, le politicien Thomas Hughes, il est convaincu par ce dernier de se lancer dans un projet lucratif : un magazine de littérature économique. Quand il est sorti, il s'appelait *The Reader*. Il était publié une fois par semaine et n'était pas très différent de la plupart des magazines populaires de l'époque, car il proposait une grande (peut-être trop grande) variété de sujets, allant de la littérature à la science et même à l'art. Lockyer a fourni les articles sur l'astronomie.

De nombreux lecteurs du nouveau magazine ont apprécié son contenu scientifique, notamment les résumés des nouvelles découvertes et des conférences récentes ; toutefois, les ventes n'ont pas été suffisantes pour générer des bénéfices. La rédaction se serait noyée dans les dettes si elle n'avait pas reçu une aide importante, celle de Thomas Huxley, le « bulldog de Darwin ». L'éminent biologiste a proposé de prendre en charge les frais et est également devenu l'un des propriétaires du magazine. Néanmoins, *The Reader* a dû faire face à la concurrence féroce du *Chambers' Edinburgh Journal* et du *Penny Magazine*, les deux géants du marché de la littérature bon marché de l'ère victorienne. Finalement, Lockyer a dû abandonner le projet. À son avantage, du moins, il a pu faire la connaissance de

Huxley, un collègue apprécié ; les deux n'ont pas abandonné le projet d'une publication scientifique populaire.

Après la découverte la plus importante de sa vie, la carrière de Lockyer change radicalement. Désormais membre de la Royal Society, il est approché par le riche éditeur Alexander Macmillan, avec qui il peut publier son premier livre : *Elementary Lessons in Astronomy*. Ayant obtenu un succès considérable, l'astronome a également été engagé par l'éditeur en tant que conseiller scientifique.

Finalement, Macmillan a dit à son nouvel employé qu'il aurait aimé élargir l'offre de sa société avec un périodique scientifique, si la concurrence des autres grands magazines n'avait pas été aussi rude. C'est l'occasion pour Lockyer de présenter Huxley à Macmillan et de lui parler de leur précédente aventure avec *The Reader*. Ils discutent d'un nouveau projet et finalement Macmillan propose de le soutenir financièrement ; Lockyer sera le rédacteur en chef et Huxley un membre de l'équipe de rédaction.

Cette fois, Lockyer et Huxley ont planifié à l'avance. Lockyer avait en tête un magazine similaire à *The Reader*, mais cette fois sur des sujets exclusivement scientifiques. L'époque où les savants s'intéressaient à une variété infinie de sujets, comme le proposait le *Journal des Savants*, si elle n'était pas encore révolue, touchait définitivement à sa fin.

Les concurrents seraient à nouveau le *Chambers' Edinburgh Journal* et le *Penny Magazine*; puisqu'il était impensable de les écraser, il fallait coexister avec eux sur le même marché, en se différenciant d'eux. Cet objectif pourrait être atteint sur deux fronts. Premièrement, le contenu, étant uniquement scientifique, devrait être d'excellente qualité. Ensuite, le public principal ne serait pas les personnes peu instruites, mais la classe moyenne instruite, et Lockyer voulait faire appel à la fois aux scientifiques et aux non-scientifiques.

Malgré toutes ces difficultés, le magazine était presque prêt. Le titre, quant à lui, est tiré d'un vers du poète romantique William Wordsworth, qui figurait également en première page : « Au sol solide de la Nature fait confiance l'esprit qui construit pour l'éternité. »

Le premier numéro de *Nature* est sorti le 4 novembre 1869. Sur la couverture (Fig. 8.1), l'illustration montre le titre en caractères irréguliers en faux bois ; À l'arrière-plan, on voit la Terre, enveloppée et cachée par des nuages.

Le prix était initialement fixé à 4 pence (1,24 euro aujourd'hui), pas aussi élevé qu'un journal, mais beaucoup trop pour ce qu'un travailleur pou-

Figure 8.1. Premier numéro de *Nature* (4 novembre 1869).

vait être prêt à dépenser. Les entrepreneurs de la classe moyenne étaient en fait le public cible.

À l'intérieur, comme prévu, il y avait des articles techniques et populaires, divisés par la section des livres recommandés, intitulée « Nos livres », et à la fin il y avait la section de la correspondance, qui pouvait être utilisée par les lecteurs pour communiquer avec le personnel ou les auteurs.

Toutefois, même dans le cas des sujets les plus avancés, la complexité a été réduite au minimum, afin de les rendre aussi compréhensibles que possible. Dans l'article de Lockyer sur les éclipses solaires, par exemple, la narration de l'observation se fait à la première personne, ce qui aurait été déplacé dans un article strictement technique comme ceux qu'il avait écrits pour les *Philosophical Transactions*.

D'autre part, l'article écrit par Huxley, qui est censé être informatif, parle de certaines découvertes récentes en paléontologie et des développements futurs dans l'étude des dinosaures ; la nouvelle mériterait peut-être un traitement plus approfondi, mais elle reste générique, n'étant longue que d'une demi-colonne.

Ces deux âmes du magazine ont immédiatement suscité la perplexité du public. Il n'était pas évident de savoir qui devait lire un telle publication. Était-ce les non-spécialistes ? La plupart des articles étaient trop détaillés, les illustrations trop techniques, et il y avait trop de sujets, de l'astronomie à la botanique en passant par la paléontologie. Les travailleurs de la science ? Les articles étaient trop généraux pour eux et couvraient trop de domaines (un botaniste n'était probablement pas intéressé par les aspects techniques de l'astronomie).

En raison de cette ambiguïté, les premières années n'ont pas du tout été rentables et Macmillan a dû payer pour les pertes continues. Il a même écrit à l'éditeur pour lui partager ses inquiétudes.

10 novembre 1871
à Sir Norman Lockyer.

J'espère que vous faites un voyage agréable et prospère. Je suis très inquiet pour *Nature*. Je ne peux m'empêcher de penser qu'il y aurait peu de choses à faire pour que ce soit un succès, et si c'est le cas, ce serait un avantage pour vous. J'ai pensé à beaucoup de choses. Pour l'instant, nous essayons de le diffuser dans les écoles et, si nous réussissons, nous nous engagerons dans une autre activité.

– Alexander Macmillan

Le message était clair : si une solution n'était pas trouvée pour rendre *Nature* utile au public, le nouveau magazine dirigé par Lockyer finirait comme son prédécesseur.

Autres revues scientifiques

Le premier magazine à porter le nom de nature n'est pas celui fondé par Lockyer et Macmillan. Une vingtaine d'années auparavant, l'écrivain allemand Otto Ule avait fondé, avec quelques collègues, l'hebdomadaire *Die Natur*. La couverture (Fig. 8.2) montrait un volcan en éruption avec la constellation Ursa Major en arrière-plan, entourée d'une guirlande de fleurs et d'un uroboros (le serpent qui se mord la queue). L'esprit de cette couverture est celui du romantisme, une philosophie qui (en plus de dédaigner la sobriété...) considérait l'étude de la nature avant tout comme un moyen d'accéder aux niveaux supérieurs de la dimension éternelle de l'homme, symbolisée par l'uroboros. L'objectif de *Die Natur*, comme l'indique le sous-titre, est de diffuser les connaissances scientifiques aux lecteurs de toutes les classes ; cependant, dès le premier numéro, outre le contenu scientifique et philosophique, une section est consacrée aux récentes nouveautés littéraires, car l'art, représenté par la guirlande, est considéré comme supérieur à la nature.

Un romantique était aussi William Wordsworth, le poète qui a inspiré le titre à *Nature* ; et en tant que romantique, il avait une attitude plutôt hostile envers la science. Cela est également évident

FIGURE 8.2. Premier numéro de *Die Natur*.

dans le sonnet dont est tiré le vers qui ouvre *Nature* : « Au sol solide de la Nature fait confiance l'esprit qui construit pour l'éternité », mais le vers suivant est : « Convaincu que là, seule là, il peut poser des fondations sûres. » Les rédacteurs de *Nature* n'ont pas remarqué cet inconvénient pendant de nombreuses années, et ne l'ont mis en évidence que dans un article des années 1940, avant de supprimer le verset lorsque le logo de la revue a été redessiné. Mais le nom, bien sûr, est resté.

En France, la vulgarisation scientifique est encore différente de celle de la Grande-Bretagne et de l'Allemagne. Emilio Treves a pu s'en rendre compte par lui-même lorsqu'il est arrivé à Paris dans ces années-là. Il a d'abord travaillé comme professeur d'italien, puis est devenu journaliste et correspondant de France pour certains journaux italiens. En travaillant dans ce domaine, Treves s'est familiarisé avec la production de revues scientifiques, qui, en France, était vraiment vaste et diverse. En effet, au lieu du romantisme, les éditeurs français croyaient au positivisme, la philosophie d'Auguste Comte, selon laquelle la science, en plus d'être strictement basée sur la rationalité et les faits, était utile pour offrir aux citoyens entrepreneurs la possibilité d'améliorer leur travail, et donc leur condition économique.

À Paris, il n'y avait pas deux géants de l'édition comme à Londres, mais pour chaque domaine scientifique, il y avait une revue : il y avait le *Bulletin de la Société chimique*, les *Annales des sciences naturelles*, les *Annales des mines*, etc. Pour le grand public, l'une des publications les plus importantes est *Le Musée des familles*, un périodique illustré au contenu varié, à l'image du *Penny Magazine*, qui dès son premier numéro se propose d'offrir « un cours d'éducation familiale presque gratuit parce que bon marché. » La littérature était également présente, mais pour des raisons différentes de celles de *Die Natur*. Comme dans la plupart des revues de l'époque (notamment le *Chambers' Edinburgh Journal*), les romans et la sérialisation étaient un moyen pour augmenter les ventes, et les récits historiques, ainsi que les rapports de voyage, étaient une sorte de continuation du contenu scientifique dont ils étaient accompagnés.

Le *Journal des Savants* était encore actif dans ces années-là et, en vertu de son prestige, était aussi l'une des revues les plus lues en Europe parmi les savants. Parmi ses lecteurs figure également le poète Giacomo Leopardi, qui rapporte en 1828 deux extraits du résumé du journal de voyage du baron Monsieur de Meyendorff. En se rendant à Boukhara, dans l'actuel Ouzbékistan, le noble a rencontré les Kirkis, un peuple de bergers nomades qui avait une coutume particulière : « Plusieurs d'entre eux passent la nuit assis sur une pierre à regarder la lune, et à improviser des paroles assez tristes sur des airs qui ne le sont pas moins. » Ce passage est également transcrit dans le manuscrit original de l'un des plus célèbres poèmes de Leopardi, *Canto notturno di un pastore errante dell'Asia* (« Chant nocturne d'un berger errant d'Asie »), inspiré par cet article du *Journal des Savants*.

Le darwinisme en Europe

Contrairement à Copernic, la théorie de Darwin s'est répandue très rapidement de son vivant, même si elle est restée controversée pendant de nombreuses années.

Les parodies sur Darwin arrivent également en France grâce à une gravure d'André Gill, publiée dans un magazine parisien et intitulée *L'homme descend du singe* (Fig. 8.3). Darwin agit comme un singe dressé dans un cirque qui traverse deux cercles de papier intitulés "Crédulité" et "Ignorance".

La légende célébrait ironiquement le naturaliste, comme si l'évolutionnisme était sa performance la plus réussie : « Où s'arrêteront les magnificences de l'hippodrome ? On y parle de l'engagement du cé-

Figure 8.3

lèbre Darwin qui viendrait fournir la preuve de sa généalogie en exhibant l'agilité prestigieuse qu'il tient de ses aïeux (les singes). »

En Italie, Darwin était le correspondant de deux hommes de science : Michele Lessona et Paolo Mantegazza.

Michele Lessona, après avoir obtenu son diplôme de médecine à Turin, épouse Maria Ghignetti contre la volonté de sa famille et s'enfuit avec sa femme en Égypte. Il y devient médecin à la cour du roi, puis directeur de l'hôpital du Caire. Ghignetti a donné naissance à leur fille, mais elle est morte plus tard dans une épidémie de choléra. Lessona retourne en Italie et obtient un poste de professeur de zoologie. Il a rencontré une autre femme, Adele Masi, qui avait perdu son mari et avait trois filles ; ils se sont mariés, elle a pris le nom de famille de son mari, comme c'était la coutume à l'époque, et ils ont eu six autres enfants, soit un total de dix.

Comme activité secondaire, le professeur Lessona a également publié de nombreuses traductions de textes scientifiques dans son domaine : il a été le traducteur de la première édition italienne de L'origine de l'homme de Darwin, à qui il écrivait régulièrement pour demander des précisions sur sa traduction. Mais Lessona a également profité de l'aide de sa famille : lui et sa femme avaient décidé de donner à leurs enfants une éducation à la maison, comme cela était courant dans la Grande-Bretagne victorienne, et comme ils étaient suffisamment qualifiés, ils ont tous travaillé ensemble à la traduction de livres. En outre, Adèle était celle qui connaissait le mieux l'anglais (son mari écrivait à Darwin dans un français approximatif) ; il est possible qu'elle ait traduit la majeure partie de *L'origine de l'homme*. Il ne devait pas être facile de superviser dix enfants et d'obtenir un bon produit ; mais c'était une nécessité économique pour la famille : les traductions étaient payées 25-30 lires par page (environ 120 euros aujourd'hui).

L'autre grand soutien de Darwin en Italie était Paolo Mantegazza. Dans sa jeunesse, Mantegazza, qui venait d'obtenir son diplôme de médecine, a voyagé en Europe parce qu'il était déçu du peu de choses qu'il pouvait apprendre à l'université. Pendant son séjour à Paris, il écrit un livre qui lui vaudra une certaine popularité, *Physiologie du plaisir* (1854). Mantegazza a raconté en termes vaguement médicaux le fonctionnement de tous les plaisirs humains, mentaux et physiques, même sexuels. C'était une nouveauté si intéressante pour le public de l'époque que ce livre a été le premier d'une série de livres portant des titres similaires ; le terme « physiologie », déjà mal utilisé, est devenu simplement un coup publicitaire.

Mantegazza est devenu le correspondant de Charles Darwin grâce à une expérience qu'il avait fait. Le médecin avait transplanté l'ongle d'un coq dans l'oreille d'une vache car il voulait savoir si l'ongle continuerait à pousser sur un autre tissu. L'expérience a réussi, et son rapport a été transcrit dans une revue de vulgarisation scientifique, la *Popular Science Review*. Cependant, les rédacteurs avaient écrit par erreur que Mantegazza avait transplanté le clou dans l'œil de l'animal et non dans son oreille.

Cette revue comptait parmi ses lecteurs Charles Darwin lui-même, qui, à l'époque, réfléchissait à la manière de développer ce qu'il avait écrit dans *L'origine de l'homme*. L'expérience sur les vaches lui a été particulièrement utile, et il a cité Mantegazza dans son livre *The Variation of Animals and Plants under Domestication*.

Lorsque Mantegazza a découvert cela, il s'est réjoui. Mais il s'est également rendu compte de l'erreur dans le récit de Darwin, due au journal dont il s'était inspiré. Sous prétexte de le corriger, il lui a envoyé une lettre écrite en français :

> Pavie (Italie)
> 19 Mars 1868
>
> Monsieur,
> Je suis tout occupé à lire votre grand ouvrage : *The Variation of Animals and Plants under Domicatio*n; un monument sublime de l'intelligence humaine. Soyez beni au nom de la science, au nom des admirateurs de la nature !— Le livre va marquer une grande epoque dans l'histoire des sciences naturelles.
>
> Dans le second volume (pag 369) j'ai eu le plaisir de voir cité un de mes travaux sur la greffe animale ; mais vous vous êtes rapporté à le *Popular Science Review*, où on a décrit mes experiences avec peu d'exactitude.— L'ergot du coq n'a pas été greffé dans l'oeil d'un beuf, mais dans une oreille (cela se fait souvent dans le Bresil).
>
> Je prends la liberté de vous envoyez ma portrait ; au moins en ombre je veux entrer dans votre sanctuaire où vous reformez la science, où vous ouvrez des horizons sans bornes à la meditation et à la philosophie de l'avenir.

Serais je assez hardi de vous prier de m'envoyer le vôtre ? Je serais le plus heureux des hommes.

Ecrivez moi en anglais : je le comprend très bien, mais je ne puis pas l'écrire.

– Dr Paul Mantegazza

En haut de la lettre originale, Darwin a noté au crayon « Envoyez ma photographie ». Il était courant de demander et de recevoir une photo de Darwin. Au contraire, la photo que Mantegazza dit avoir envoyée n'a pas été trouvée dans les archives du naturaliste.

Bien qu'il ait été le plus fervent des darwinistes, Mantegazza aurait poussé l'évolutionnisme trop loin. Il se disait évolutionniste, positiviste et ennemi de la religion. Sur ce dernier point, il est remarquable que sa rhétorique soit au contraire saturée de thèmes religieux qui, au lieu de glorifier Dieu, glorifient la science comme substitut à la religion. On peut en avoir un aperçu dans la lettre qu'il a écrite à son idole, mais elle est plus évidente dans le discours que Mantegazza a prononcé à Florence un mois après la mort de Darwin. Dans une allégorie solennelle, il a raconté que Darwin, après avoir écrit ses œuvres, a dit « Que la lumière soit », et les scientifiques, qui sont les prêtres de la science, après les avoir lues, ont vu que c'était bon.

Tissandier, aéronaute et éditeur

Se sentant menacé par la montée en puissance de l'Empire prussien, Napoléon III lui déclare la guerre en juillet 1870. Dans un premier temps, les Parisiens, se souvenant de la victoire de leurs troupes lors de la guerre de Crimée, pensaient qu'ils gagneraient cette fois encore ; au contraire, après une série de défaites, l'armée prussienne s'est frayée un chemin jusqu'aux portes de la capitale, qui ont été bouclées. La communication avec les autres villes ne pouvait se faire par voie terrestre, car les messagers auraient été tués par des soldats ennemis, ni par la Seine, car des barrières avaient été érigées contre les bateaux et les câbles télégraphiques avaient été coupés.

Il n'y avait qu'une seule voie possible : l'air. Deux aéronautes, les frères Albert et Gaston Tissandier, se portent volontaires pour porter des messages à travers les lignes ennemies dans leur ballon à air chaud, *le Céleste*. Cependant, pendant son stockage, la toile avait gelé et s'était rayée ; Albert a dû la réparer en collant du papier par-dessus. Puis, ensemble, ils l'ont préparé pour le vol : ils ont d'abord rempli le ballon, puis fixé la nacelle et enfin les sacs de lest. Comme le ballon devait également transporter les lourds colis, il n'y avait de place que pour un seul aéronaute, et Gaston a choisi d'être lui pour la première ascension exploratoire. Le maître de poste lui remet une cage avec trois pigeons, que Tissandier doit libérer lorsqu'il arrive à destination et qui reviendront à la gare, annonçant le succès de la mission.

À l'aube, alors qu'on entend au loin le grondement des canons, *le Céleste* s'envole, porté par un vent favorable qui le fait survoler les rues de Paris, qu'il faut imaginer sans l'emblématique Tour Eiffel, qui n'était pas encore construite cette année-là. Gaston salua son équipe au sol pour signaler que le décollage s'était bien passé, puis regarda autour de lui et vit les barricades entourant la ville et la fumée des canons qui venaient d'être tirés. Le matin, en survolant la campagne à 1000 mètres d'altitude, il ne voit que désolation. Pas de gens sur les chemins, pas de bateaux sur la Seine ou de wagons sur le chemin de fer. Les ponts avaient été démolis.

La vue sur le ciel dégagé est agréable, mais le soleil tape fort ; Tissandier doit le supporter patiemment, ainsi que l'odeur de gaz qui devient plus forte à mesure que le vol se poursuit. Les pigeons s'agitent nerveusement dans la cage.

A l'aide de jumelles, Tissandier regarde en bas et voit des cavaliers prussiens poursuivre son ballon et tirer. Il était trop haut pour être atteint, alors en réponse aux balles, il a jeté quelques tracts proposant un traité de paix aux soldats, espérant qu'ils trahissent leur armée. Mais pendant ce temps, le gaz s'épuisait. Il se trouvait près d'un petit village, à environ 400 mètres du sol ; il a crié, demandant s'il y avait des Prussiens là-dedans, et quand on lui a répondu en français, il a finalement atterri. Une fois libérés, les pigeons se sont dirigés vers Paris.

Cependant, la guerre s'est terminée par la capitulation de la France.

Tissandier n'a pas abandonné son activité d'aéronaute, mais a décidé de la combiner avec une activité d'édition dans laquelle il pourrait raconter ses explorations dans les airs.

Il a eu l'idée de proposer à un public français le contenu et le format de la revue scientifique hebdomadaire anglaise qui venait de sortir, Nature. Mais contrairement à Lockyer qui a eu du mal à démarrer son magazine, dès que Tissandier a dû choisir un thème pour le sien, celui-ci lui est apparu immédiatement. Le fait qu'il y ait de nombreuses publications dans autant de niches a été utile, car il n'y en avait qu'une qui restait insatisfaite : l'actualité scientifique. Ainsi, quatre ans après la parution de *Nature*, Tissandier a publié le premier numéro de *La Nature*.

La couverture (Fig. 8.4) a été conçue par Albert et montre le titre du magazine sur fond de mer calme ; le bateau à vapeur dans l'eau est la seule petite trace de présence humaine.

FIGURE 8.4. Couverture de *La Nature* réalisée par Gaston Tissandier.

Dans la préface, l'éditeur présente ce qu'il considère comme la caractéristique la plus précieuse de son magazine : les illustrations. La plupart d'entre elles ont été réalisées par son frère Albert, qui était également un artiste compétent, et ses œuvres ont été imprimées au moyen de la gravure sur bois, la technique d'impression de la gravure sur bois. Contrairement à son équivalent anglais, où les illustrations étaient sporadiques et techniques, *La Nature* utilisait les images non seulement pour clarifier le contenu scientifique, mais aussi pour produire un effet spectaculaire.

Les articles écrits par Tissandier lui-même sur ses ascensions en sont le meilleur exemple, comme celui dans lequel il raconte qu'il a observé un phénomène mystérieux dans le ciel.

Sur le mont Brocken, dans le nord de l'Allemagne, les paysans de la vallée croyaient qu'il y avait des fantômes, car des ombres géantes apparaissaient dans les nuages. Un scientifique espagnol, Antonio Ulloa, avait déjà observé quelque chose de similaire lors d'un voyage en Équateur, au sommet d'un volcan éteint, et avait appelé ce phénomène les cercles d'Ulloa. Il écrit : « Je me trouvais, dit-il, an point du jour sur le Pambamarca, avec six compagnons de voyage ; le sommet de la montagne était entièrement couvert de nuages épais ; le soleil, en se il ne resta à leur place que des vapeurs légères qu'il était presque impossible de distinguer. Tout à coup, au côté opposé à celui ou se levait le soleil, chacun des voyageurs aperçut, à une douzaine de toises de la place qu'il occupait, son image réfléchie dans l'air comme dans un miroir; l'image était au centre de trois arcs-en-ciel nuancés de diverses couleurs et entourés à une certaine distance par un quatrième arc d'une seule couleur. La couleur la plus extérieure de chaque arc était incarnat ou rouge; la nuance voisine était orangée; la troisième était jaune, la quatrième paille, la dernière verte. »

Figure 8.5

Pour assister en personne à ce spectacle, Tissandier installe son ballon et monte à 17 :35, passant devant les magnifiques cumulus blancs qui s'étendent horizontalement dans l'atmosphère à 1900 mètres d'altitude. Le soleil est chaud et le gaz s'est dilaté, entraînant le ballon vers le haut ; mais l'aéronaute a peu de sacs de lest pour l'atterrissage, il réduit donc la pression pour descendre. Soudain, planant au-dessus d'un vaste nuage, le soleil projette une ombre floue sur le ballon, qui apparaît entouré d'un halo aux sept couleurs de l'arc-en-ciel. En descendant encore d'une cinquantaine de mètres, Tissandier peut mieux la voir.

L'ombre du ballon est projetée dans une grande tache noire, presque grandeur nature. Les moindres détails du navire, l'ancre, les cordages, sont dessinés avec netteté sur le fond argenté du nuage ; Tissandier lève les bras et son double aussi. L'ombre du ballon est entourée d'un halo elliptique pâle dans lequel les sept couleurs du spectre apparaissent visiblement en zones concentriques. La température était de 14 degrés centigrades, l'altitude de 1900 mètres.

Plus tard, Tissandier a effectué une seconde ascension, cette fois avec son frère, qui a ainsi pu réaliser ce dessin du spectacle.

Ce reportage de Tissandier est un parfait exemple de divulgation scientifique spectaculaire. À la première personne, l'auteur s'adresse directement aux lecteurs, leur offrant un récit de première

Figure 8.6

main qui mêle la technicité de l'aéronautique et l'émerveillement d'une aventure exotique. Les illustrations de son frère complètent ses propos.

L'implication du public garantit à *La Nature* un succès qui durera un siècle, jusqu'à ce que le magazine soit absorbé par un autre, *La Recherche*.

Treves, le premier éditeur d'une nation

De retour à Milan, Emilio Treves, avec l'argent de sa dot de mariage, fonde sa propre imprimerie, la Casa Editrice Treves. Sa première publication périodique est le Museo di famiglia, un équivalent italien du magazine français.

Au cours des dix années suivantes, alors que l'unification de l'Italie se poursuivait, Treves a pu développer son entreprise avec l'aide de ses autres frères, qui ont rejoint l'entreprise. Giuseppe Treves a épousé Virginia Tedeschi, et eux aussi ont apporté leur dot matrimoniale à la maison d'édition, qui s'appelait alors Fratelli Treves. Virginia a également contribué à la production littéraire, écrivant sous le pseudonyme de Cordelia de nombreux articles et livres populaires pour adolescents. Grâce à toutes ces ressources, Fratelli Treves est devenu la plus importante maison d'édition de la nation naissante. Elle imprimera les premières éditions de nombreux auteurs éminents, tels que Gabriele D'Annunzio et les deux prix Nobel Grazia Deledda et Luigi Pirandello.

En effet, la maison d'édition de Trèves est devenue célèbre avant tout pour sa production littéraire, mais Emilio, depuis son séjour en France, avait une passion particulière pour la vulgarisation scientifique, et il a donc voulu essayer de l'ajouter à sa production. Pour ce faire, il a fait la connaissance de nombreux scientifiques et vulgarisateurs, et les a engagés pour publier leurs livres.

Michele Lessona, professeur de zoologie à Turin, a publié *Conversazioni scientifiche* (1869) pour

Treves, un livre qui rassemble un certain nombre d'articles qu'il avait publiés pour plusieurs revues. La plupart d'entre eux sont des réponses à d'autres articles écrits par d'autres journalistes, d'où le titre. Comme nous l'avons vu, le dialogue a une longue tradition dans la vulgarisation scientifique, mais ici le dialogue se fait avec un interlocuteur absent.

Dans le premier article, le professeur s'adresse à un collègue qui a écrit que l'escargot est un insecte. Lessona fait semblant de lui parler directement, comme s'il lui écrivait une lettre ouverte, se moquant poliment de cette erreur naïve. Mais outre les corrections, dans sa réponse, Lessona raconte également une brève histoire de l'escargot, citant certains poèmes dédiés au petit animal et décrivant ses utilisations culinaires dans diverses cultures. Il s'agit du procédé littéraire de la digression : au lieu de parler longuement d'un seul sujet, l'auteur s'en écarte plusieurs fois pour explorer différents détails. Le résultat est un discours qui semble improvisé et spontané, comme une véritable conversation qui passe brusquement d'un sujet à l'autre, selon l'intérêt des participants. Ce serait vraiment une surdose d'informations si l'objectif était uniquement de corriger son collègue ; ainsi, la réponse de Lessona est en réalité un prétexte : il ne s'agit pas d'un dialogue avec l'autre professeur, mais avec son public, le véritable destinataire absent de la conversation.

Outre les livres de vulgarisation scientifique, Treves avait en tête un projet plus ambitieux, un périodique scientifique qui pourrait être l'équivalent des deux autres grandes revues européennes consacrées à la nature, mais aussi un croisement entre elles, alliant l'utile et le spectaculaire. Bien qu'il ait déjà Lessona parmi ses auteurs, il souhaitait un nom encore plus illustre pour réaliser ce projet, et choisit Paolo Mantegazza.

La couverture de *La Natura* (Fig. 8.7) était une mosaïque confuse de symboles contrastés. Au premier plan se trouve l'image d'un phare, métaphore banale de la science. Un rayon de lumière, qui divise l'en-tête en deux, vient de l'autre côté et illumine un mât lumineux, peut-être le même qui a apporté l'énergie au phare (une sorte d'appel à l'éternité, comme l'uroboros dans *Die Natur*?). En arrière-plan, une mer houleuse, une image romantique vraiment aliénante.

La Natura était un hebdomadaire de 16 pages et son prix était de 0,40 lire (environ 1,80 euro). Dans la préface, Mantegazza présente le périodique avec enthousiasme, faisant son parallèle récurrent entre la science et la religion ; les contributeurs sont les meilleurs scientifiques de l'Université de Milan, les

FIGURE 8.7. Primo numero di *La Natura* (1er janvier 1884).

conditions préalables à un produit de haut niveau sont donc réunies.

Cependant, même s'il était responsable du projet, Mantegazza n'était pratiquement jamais présent à la rédaction, car il était occupé par d'autres travaux plus rentables. Cependant, malgré cette négligence, le professeur était toujours en conflit avec Treves car il considérait sa rémunération trop faible.

Inévitablement, le personnel a été laissé à lui-même, et les contributeurs n'ont pas été bien coordonnés, de sorte que les articles, bien que très bons et intéressants, étaient souvent hétérogènes dans leur style et leur niveau de difficulté. Encore, le directeur ne vérifiait pas toujours le contenu avant la publication, et comme il était le seul membre du personnel à posséder des connaissances scientifiques suffisantes, les incidents étaient récurrents et parfois embarrassants. Le plus grave a été la publication d'un article sur la naissance d'un hybride entre un lapin et un canard en Allemagne. L'histoire provenait d'un journal illustré allemand (*Illustrirte Zeitung*), mais personne au sein du personnel ne pouvait comprendre qu'il ne s'agissait pas d'une bonne source d'informations scientifiques. Mantegazza s'est plaint bruyamment et le personnel s'est excusé, mais la situation ne s'est guère améliorée par la suite.

En outre, *La Natura* a été accueilli assez chaleureusement par le public : il s'est vendu à 2000 exemplaires la première semaine. Cependant, après seulement un an, les loyalistes n'étaient plus que la moitié de ce nombre. Cela ne suffisait pas à couvrir les dépenses, et le magazine a donc dû fermer ses portes, 18 mois après son lancement.

Emilio Treves a déclaré à Mantegazza : « C'est la faute d'un mauvais public comme le nôtre en général. » Selon lui, *La Natura* était très bonne et variée. Treves pensait que le public idéal devait être l'entrepreneur bourgeois qui voulait améliorer ses connaissances techniques, comme c'était le cas en France. Il a ajouté : « Si, en vingt ans d'édition, j'ai eu de la chance, je ne l'ai eue qu'avec les choses les plus mauvaises ou les plus superficielles. » Un jugement peut-être trop sévère, étant donné que Treves, en plus de ses romans, avait toujours bien vendu ses livres de vulgarisation scientifique.

Quant à Mantegazza, il a continué à écrire et à publier, ce qui lui a apporté plus d'argent et de gloire. Il avait également décidé d'écrire des romans. Bien qu'il s'agisse d'œuvres fictives, celles-ci étaient un prétexte pour diffuser sa morale, fondée sur une interprétation personnelle de l'évolutionnisme. Son roman *L'an 3000* est très intéressant car il est un exemple de roman de science-fiction de l'époque. L'histoire s'ouvre sur les deux protagonistes, un homme et une femme, qui décident de se marier, mais avant de le faire, ils prennent un véhicule volant et se rendent dans la capitale du monde, où ils seront jugés par un tribunal qui décidera s'ils sont aptes à se reproduire.

Le précepte eugénique a valu au professeur quelques critiques. L'un d'entre eux est celui d'Adele Lessona, l'épouse de son collègue Michele, qui écrit dans une revue : « Selon ce concept, on devrait faire dans l'espèce humaine ce que l'on fait avec les animaux domestiques : ne penser qu'à l'amélioration de la race. »

Néanmoins, tous les livres de Mantegazza sont restés populaires même après sa mort, jusqu'au fascisme, période durant laquelle ils sont devenus de grands classiques. Puis, lorsqu'Emilio Treves n'était plus là, sa maison d'édition a été fermée en raison de l'adoption par le régime des lois raciales, qui interdisaient l'ouverture de commerces liés aux Juifs.

Comment Nature *a été sauvée*

Contre toute attente, cette même double âme pour laquelle *Nature* était initialement défaillante est la raison même qui l'a sauvée. Et la question d'un certain mot a été décisive à cet égard.

Le mot anglais « scientist » a à peine 150 ans et ne s'est répandu que lorsqu'il a été utilisé dans *Nature*.

En anglais, le mot « science » est un emprunt médiéval au français, lui-même dérivé du latin *scientia*, « connaissance ». Nous avons vu (à p. 18) que le philosophe Boèce a inventé l'adjectif *scientificus* pour décrire quelque chose qui produit des connaissances; cependant, la « science » était encore utilisée dans un sens beaucoup plus large qu'aujourd'hui.

Pendant longtemps, en effet, les connaissances obtenues par l'expérimentation étaient simplement appelées « philosophie ». Toutefois, à un moment donné, il est apparu que le terme était devenu trop étroit : en 1821, une traduction d'un essai d'introduction à la botanique intitulé *Éléments de la philosophie des plantes* a été publiée à Édimbourg.

C'est à cette époque que le mot « science » a acquis son sens moderne.

Le problème concerne maintenant les noms de ceux qui la pratiquent. On les appelait « philosophes naturels », ce qui était encore lié à l'origine de leur discipline et était également encombrant.

Comment s'est-il présenté dans les autres langues européennes entre-temps ?

En italien, le mot « scienziato » figure dans la première édition du *Vocabolario della Crusca*, le plus ancien dictionnaire italien, qui date de 1626. À l'origine, cependant, le mot était un adjectif, et non un nom, et désignait quelqu'un qui possédait de grandes connaissances. En fait, à l'époque, Galilée signait ses traités en se disant philosophe et mathématicien. Ce n'est qu'au XIXe siècle que le terme est devenu un substantif définissant une personne ayant des connaissances scientifiques.

En français, le *Dictionnaire de l'Académie française* ne mentionne le terme « scientifique », dérivé de *scientificus*, que comme adjectif ; cependant, son concurrent, le *Dictionnaire universel* d'Antoine Furetière, précise que « scientifique » peut également définir une personne qui sait beaucoup de choses. À l'époque, en France, une personne qui étudiait la nature était désignée par le mot très générique de « savant », comme dans le *Journal des Savants*. Aujourd'hui, le mot français pour les désigner est « scientifique », et l'Académie ne l'a accepté que dans la dernière édition de son dictionnaire.

En anglais, une alternative à « natural philosopher » était « man of science », qui n'incluait pas les femmes. Il y avait une troisième option, « travailleur scientifique », mais elle était encore lourde.

Le mot « scientist » apparaît pour la première fois dans l'histoire dans le numéro de mars 1834 de la *Quarterly Review*. Il s'agissait d'une critique de *On the Interconnectedness of the Physical Sciences*, un livre de vulgarisation scientifique de Mary Somerville qui expliquait en termes plus généraux comment les domaines scientifiques, de l'astronomie à la physique, se complétaient les uns les autres. L'auteur anonyme de l'article fait une observation personnelle à la fin, notant que tous les domaines scientifiques peuvent sembler destinés à se séparer précisément en raison de l'absence d'un nom par lequel désigner collectivement leurs chercheurs. L'anonyme dit ensuite : « Un homme ingénieux a proposé que, par analogie avec les artistes, on les appelle des scientifiques. »

Six ans plus tard, l'examinateur anonyme s'est avéré être le même homme ingénieux (et modeste...) qui avait inventé le mot. Il s'agissait de William Whewell, éditeur des traités de Bridgewater et farouche opposant des Vestiges de l'histoire naturelle de la création. Dans l'un de ses livres sur l'histoire des sciences, il a déclaré : « Nous avons vraiment besoin d'un nom pour décrire un spécialiste des sciences. Je serais enclin à le qualifier de "scientifique". »

D'autres options possibles auraient été « sciencer », dans le sens de philosophe, ou scientifique, comme en français. Whewell a choisi scientist parce qu'il avait l'habitude d'inventer de nombreux néologismes dans le domaine des sciences (entre autres, il a également créé la linguistique,

« linguistics »), il est donc possible qu'il ait choisi la terminaison en *-ist* parce que c'était le suffixe le plus savant, puisqu'il dérive du grec.

Thomas Huxley trouvait le nouveau mot laid, à tel point qu'il pensait qu'il était d'origine américaine. Whewell était aussi anglais que lui.

Près d'un siècle plus tard, le mot n'était toujours pas courant, et il l'est resté jusqu'à ce que les collaborateurs de *Nature* pensent à l'utiliser.

Pourquoi *Nature* ? Il se situait à mi-chemin entre une revue scientifique populaire et un magazine scientifique ; c'était un journal hebdomadaire, comme beaucoup de publications populaires de l'époque, mais il était nouveau pour un public de spécialistes, qui publiaient habituellement dans des revues mensuelles, comme les *Philosophical Transactions*. Cette fréquence de publication a permis aux auteurs des articles de communiquer entre eux très rapidement, non seulement pour discuter de leurs résultats, mais aussi pour débattre de questions générales dans la communauté scientifique, comme l'utilisation ou non du mot « scientifique ».

En 1924, le physicien Norman Campbell a écrit à *Nature* sur le sujet.

> Il existe un préjugé contre ce mot. Certains ont des scrupules étymologiques ; ils disent que c'est un vilain hybride avec une racine latine et une terminai-

son grecque. [...] De plus, le mot est arrivé ; il n'y a aucune chance de le supprimer entièrement. [...] Si vous ne voulez pas de « scientifique », fournissez-nous au moins un autre mot.

Une semaine plus tard, la section correspondance a été inondée de messages.

Sir Edwin R. Lankester, zoologiste, a écrit : « J'espère que Nature continuera à refuser d'utiliser le mot "scientifique". » Il s'inquiétait du fait que, tout comme n'importe quel imposteur pouvait prétendre être un artiste parce que le terme faisait référence à des qualités vagues, il en serait de même pour les scientifiques.

« Néanmoins, écrit Israel Gollancz, professeur de littérature, il pourrait être utilisé avec avantage à la place de travailleur scientifique ou d'homme de science. »

Sir D'Arcy W. Thompson, un biologiste, a écrit : « Il serait pédant, à notre époque, de s'opposer à ce terme simplement parce qu'il commence dans une langue et se termine dans une autre. Je serais réticent à l'utiliser moi-même, mais je ne songerais pas à m'opposer à son utilisation par d'autres. »

W. J. Sedgefield, un autre professeur de littérature, a écrit : « C'est, bien sûr, quand on s'arrête pour l'examiner, un hybride, mais comme cet autre hybride, la mule, il fait un travail utile. »

H. Wildon Carr, un philosophe, a écrit : « Mon aversion pour le mot scientifique est due au fait que la distinction entre philosophes et scientifiques est fausse lorsqu'elle implique que les philosophes se désintéressent des résultats positifs de la science. »

« Le dictionnaire Oxford, une mine d'inspiration surexploitée, répertorie "sciencer" et "sciential", deux mots euphoniques », a déclaré le chimiste Henry E. Armstrong dans un numéro ultérieur. « J'ai souvent utilisé "sciencer", et je l'aime bien. »

La plupart de ces idées fausses dépendent de la nouveauté : les néologismes sont rarement reçus comme des mots agréables, mais probablement parce qu'ils n'ont jamais été entendus auparavant. De plus, il n'est pas difficile de trouver les mêmes défauts dans d'autres mots existants.

D'autres commentaires sur le mot « scientifique » sont des préoccupations légitimes : le nom de la profession définira son statut. En effet, à l'époque où la science n'était encore que l'étude de la nature, elle était considérée comme un *otium*, un peu plus qu'un passe-temps érudit. Et maintenant, que la science est devenue une profession d'égale dignité avec les autres, le mot pour définir ceux qui travaillent dans ce domaine est définitivement coupé de son passé.

Finalement, le débat s'est terminé ainsi : après avoir consulté certains linguistes, les rédacteurs ont décidé qu'ils continueraient à éviter le mot pour l'instant, mais ont tout de même autorisé les contributeurs à utiliser le mot scientifique dans leurs articles s'ils le souhaitaient.

Ainsi, *Nature* est devenue un lieu de rencontre pour ceux qui étudiaient la science, qui la fréquentaient non seulement pour des raisons professionnelles, mais aussi pour prendre conscience d'eux-mêmes, de leur travail et de leur rôle dans la société. Pour que cela soit possible, *Nature* a dû modifier sa conception initiale, déplaçant le public cible de la classe moyenne vers les scientifiques, et ne prévoyant comme objectif secondaire que la diffusion des découvertes scientifiques récentes auprès du grand public.

Il peut paraître surprenant aujourd'hui qu'un tel débat ait eu lieu, et pas seulement il y a un siècle ; mais il est remarquable qu'il se soit déroulé dans les pages de *Nature*, qui est devenu depuis le forum mondial des membres de la communauté scientifique internationale.

Conclusion

« La nature est un grand spectacle qui ressemble à celui de l'opéra, dit Fontenelle (à p. 109). Du lieu où vous êtes à l'opéra, vous ne voyez pas le théâtre tout-à-fait comme il est ; on a disposé les décorations et les machines, pour faire de loin un effet agréable, et on cache à votre vue ces roues et ces contrepoids qui font tous les mouvements. Aussi ne vous embarrassez vous guère de deviner comment tout cela joue. Au contraire, vous voyez bien que le machiniste qui veut absolument démêler comment ce truc-là a été exécuté est assez fait comme les scientifiques. »

À l'époque de Fontenelle, le théâtre n'était ouvert qu'aux riches ; aujourd'hui, tout le monde peut s'offrir une place, et c'est plutôt une bonne chose.

La pièce est unique, mais il y a autant de points de vue sur elle qu'il y a de sièges dans le théâtre. Il en va de même pour les voix discordantes qui se disputent après la fin de la représentation. Il fut un temps où tout le monde appréciait le spectacle et où seuls les machinistes voulaient savoir ce qui se passait réellement en coulisses ; aujourd'hui, le public a cette même curiosité.

Comment pouvons-nous savoir qui a raison ? Si nous devions choisir comme au Moyen Âge, le choix se porterait sur Aristote, mais c'est le principe d'autorité. Mais il faut faire attention : l'autorité peut prendre des formes multiples, et toujours plus subtiles. Personne ne défendra jamais ce qu'il dit en admettant franchement qu'il se réfère à une autorité. Il dirait plutôt que l'explication est superflue. L'appel à l'autorité le plus évident serait : « Darwin a dit... », mais il pourrait aussi être : « Cet article révisé conclut... ». Ce sont toutes des façons de faire référence à l'explication de quelqu'un d'autre, parce que nous n'avons pas le temps de créer la nôtre. Tout argument qui se réfère à l'autorité est une métonymie dans laquelle le nom de l'auteur se substitue à sa théorie ; c'est pourquoi le principe d'autorité est si commode, et ne disparaîtra jamais.

La vulgarisation scientifique, par opposition à l'autorité scientifique, est avant tout une explication complète de ce qui s'est passé dans le spectacle de la nature. Tout le monde doit le comprendre : il faut oublier un instant la distinction entre les scientifiques et les autres, non pas parce qu'elle n'existe pas, mais parce qu'elle ne compte pas dans le débat public, en dehors de la recherche scientifique.

Essayer de convaincre quelqu'un avec de nouveaux faits à un moment donné est inutile. La quantité d'informations ne sera jamais suffisante pour les faire changer d'avis. Ce ne sont pas les faits qui forment les idées, mais les théories.

Comme Galilée nous l'a montré (p. 57), un même fait peut être expliqué de deux manières différentes. Y a-t-il une bonne méthode ou les deux sont-elles valables ? Puisque la Terre tourne autour du Soleil et ne reste pas immobile, nous devons supposer qu'il y en a une. Le doute ne doit être qu'une phase de la recherche, et non sa conclusion. C'est ce que Goethe, cité par Huxley (p. 185), appelle le « doute actif ».

Giordano Bruno donne un moyen de distinguer quelle idée peut être la bonne : il dit que les idées sont comme le jour et la nuit, c'est-à-dire qu'on ne peut les juger qu'en les comparant entre elles (p. 40).

Lorsque nous faisons de la vulgarisation, nous devons trouver la bonne théorie en en comparant deux, en expliquant précisément pourquoi l'une est fausse et l'autre juste, comme Voltaire et Algarotti l'ont fait en comparant Descartes et Newton (p. 101).

En outre, nous devons surmonter le problème de la langue. Il faut distinguer deux phases, celle de la recherche scientifique et celle de la diffusion des résultats. La première se déroule dans le langage scientifique international, la seconde dans la langue nationale, ou dans une langue plus simple. La communauté scientifique doit travailler en utilisant un langage, mais ce langage n'est pas toujours le même que celui du public. C'est également un problème pour ceux qui ont déjà l'anglais comme langue maternelle, car les détails techniques ne sont pas toujours clairs.

Dans tout discours vulgarisé, les métaphores sont alors essentielles, car elles n'apportent pas de nouveaux faits dans le discours, mais rassemblent des faits déjà connus dans un nouveau schéma.

Chaque révolution scientifique est une nouvelle métaphore. Si une métaphore ne fonctionne pas, essayons-en une autre.

Chronologie

Chapitre 1

45 av. J.-C. Cicéron écrit *De finibus bonorum et malorum.*

Environ 150 apr. J.-C. Ptolémée écrit son traité d'astronomie, connu plus tard sous le nom d'*Almageste.*

632 Mort de Mahomet.

661-750 *(environ 90 ans)* Les Omeyyades règnent sur le califat.

Les Arabes conquièrent l'Espagne.

750-1258 *(environ 500 ans)* Les Abbassides règnent sur le califat.

À Bagdad, des textes grecs tels que l'*Almageste* sont traduits en arabe.

1085 En Espagne, la ville de Tolède se rend au roi Alfonso IV.

1175 À Tolède, Gérard de Crémone traduit l'*Almageste* de l'arabe au latin.

1252 À Tolède, les astronomes d'Alphonse X compilent les Tables Alfonsines.

Chapitre 2

1473 Nicolaus Copernic est né à Toruń, en Pologne.

1492 Christophe Colomb découvre l'Amérique.

1543 *De revolutionibus de Copernic est publié à Nuremberg.*
Copernic meurt.

1600 Giordano Bruno est brûlé au bûcher.

Chapitre 3

1603 À Rome, Federico Cesi fonde l'Accademia dei Lincei.

1623 Galileo Galilei écrit le *Saggiatore*.

1630 Federico Cesi meurt. La première Accademia dei Lincei ferme ses portes peu après.

1632 Galileo Galilei publie le *Dialogo sopra i due massimi sistemi.* Il abjurera l'année suivante.

Chapitre 4

1644-1653 *(environ 10 ans)* A Londres, le Invisible College tient ses réunions.

1653 Oliver Cromwell instaure une république en Grande-Bretagne.

1660 Cromwell meurt. Le roi retourne en Angleterre.

Charles II fonde la Royal Society.

1665 5 janvier. Le premier numéro du *Journal des Savants*.

6 mars. Le premier numéro de *Philosophical Transactions*.

Chapitre 5

1686 Bernard de Fontenelle publie *Entretiens sur la pluralité des mondes*.

1704 Sir Isaac Newton publie son traité *Opticks*.

1737 Francesco Algarotti publie *Newtonianismo per le dame*.

Son ami Voltaire publie *Éléments de la philosophie de Newton* l'année suivante.

1732-1750 *(environ 20 ans)* L'abbé Pluche publie les huit volumes de *Le spectacle de la nature*.

1743 Sir Henry Baker publie *The Microscope Made Easy*.

Chapitre 6

1732-1757 *(25 ans)* Benjamin Franklin dirige son *Poor Richard's Almanack*.

4 juillet 1776 Déclaration d'indépendance des États-Unis d'Amérique.

1787-1799 *(12 ans)* La Révolution française.

1800 William Chambers naît à Peebles, en Écosse. Son frère Robert naît deux ans plus tard.

18 juin 1815 Bataille de Waterloo et défaite définitive de Napoléon.

1822 Robert Chambers publie *Traditions of Edinburgh*.

1832 Samedi 4 février. Le premier numéro du *Chambers' Edinburgh Journal*.

Samedi 31 mars. Le premier numéro du *Penny Magazine*.

1834 Le mot « scientist » apparaît pour la première fois dans l'histoire.

Chapitre 7

1831-36 Voyage autour du monde de Charles Darwin sur le Beagle.

1844 Le livre *Vestiges of the Natural History of Creation* est publié de manière anonyme.

1859 Charles Darwin publie *L'origine des espèces*.

30 juin 1860 Le débat d'Oxford.

Chapitre 8

1861 Le royaume d'Italie est déclaré.

1869 4 novembre. Sortie du premier numéro de *Nature*.

Septembre 1870-janvier 1871 *(4 mois)* Siège de Paris.

Janvier 1873 Gaston Tissandier fonde *La Nature*.

Janvier 1884-juin 1885 *(18 mois)* Emilio Treves et Paolo Mantegazza travaillent à *La Natura*.

1924 Le débat sur Nature concernant l'utilisation du mot « scientist ».

BIBLIOGRAPHIE

Toutes les conversions de la valeur historique des monnaies nationales ont été effectuées à l'aide des convertisseurs en ligne fournis par The National Archives et Il Sole 24 Ore.

Chapitre 1

THE EDITORS OF ENCYCLOPAEDIA BRITANNICA. *Encyclopaedia Britannica.* 1/01/2022. URL : https://www.britannica.com/biography/Gerard-of-Cremona.

BAHRY, Louay et Phebe A. MARR. *Encyclopaedia Britannica.* 5/05/2021. URL : https://www.britannica.com/place/Baghdad.

HELDEN, Albert Van. *Encyclopaedia Britannica.* 11/02/2022. URL : https://www.britannica.com/biography/Galileo-Galilei.

RABBAT, N. O. *Encyclopaedia Britannica.* 12/02/2021. URL : https://www.britannica.com/place/Damascus.

BALSDON, J., P.V. DACRE et John. FERGUSON. *Encyclopaedia Britannica*. 14/02/2021. URL : https://www.britannica.com/biography/Cicero.

PETERS, Christian Heinrich Friedrich et Edward Ball KNOBEL. « A revision of the Almagest ». In : The Carnegie Institution of Washington, 1915.

CICERO, Marcus Tullius. *De finibus bonorum et malorum*. Sous la dir. de Nino MARINONE. UTET, 1976.

LINDBERG, David Charles. « Science in the Middle Ages ». In : The University of Chicago Press, 1978. Chap. The Transmission of Greek and Arabic Learning to the West, p. 52-90.

CONTE, Gian Biagio. *Latin Literature : a history*. John Hopkins University Press, 1994.

BURNETT, Charles. « The Coherence of the Arabic-Latin Translation Program in Toledo in the Twelfth Century ». In : *Science in Context* 14.1/2 (2001), p. 249-288.

KENNEY, E. J. « Lucretian texture : style, metre and rhetoric in the De rerum natura ». English. In : sous la dir. de Stuart GILLESPIE et Philip HARDIE. The Cambridge Companion to Lucretius, Cambridge. Copyright - Cambridge University Press ; People - Epicurus (341-270 BC) ; Lucretius (Titus Lucretius Carus ; Last updated - 2022-03-15. Cambridge : Cambridge University Press, 2007, p. 92-110. URL : https://www.proquest.com/books/

lucretian-texture-style-metre-rhetoric-de-rerum/docview/2137992786/se-2?accountid=13706.

PEDERSEN, Olaf. *A Survey of the Almagest*. Sous la dir. d'Alexander JONES. Springer, 2011.

KENNEDY, Hugh et Ken BURNSIDE. *The Oxford Encyclopedia of the Islamic World. Oxford Islamic Studies Online*. 2022. URL : http://www.oxfordislamicstudies.com/article/opr/t236/e0001.

MARÍN, Manuela. *The Oxford Encyclopedia of Islam and Women. Oxford Islamic Studies Online*. 2022. URL : http://www.oxfordislamicstudies.com/article/opr/t355/e0085.

MOREWEDGE, Parviz. *The Oxford Encyclopedia of Philosophy, Science, and Technology in Islam. Oxford Islamic Studies Online*. 2022. URL : http://www.oxfordislamicstudies.com/article/opr/t445/e242.

WATT, William Montgomery et Khaled M. G. KESHK. *The Oxford Encyclopedia of the Islamic World. Oxford Islamic Studies Online*. 2022. URL : http://www.oxfordislamicstudies.com/article/opr/t236/e0817.

Chapitre 2

COPERNICUS, Nicolaus. *De revolutionibus orbium coelestium*. Nuremberg : Johannes Petreius, 1543.

BRUNO, Giordano. *Cena de le ceneri*. Sous la dir. de Giovanni AQUILECCHIA. Torino : Einaudi, 1955.

Kuhn, Thomas S. *The Copernican revolution*. Harvard University Press, 1957.

Cole, Richard. « Ptolemy and Copernicus ». In : *The Philosophical Review* 71.4 (1962), p. 476-482.

Kuhn, Thomas S. *The structure of scientific revolutions (2nd ed.)* The University of Chicago Press, 1970.

Beretta, Francesco. « Giordano Bruno e l'inquisizione romana. Considerazioni sul processo ». In : *Bruniana & Campanelliana* (2001).

Gingerich, Owen et James MacLachlan. *Nicolaus Copernicus. Making the Earth a Planet*. Oxford University Press, 2005.

Aubenque, Pierre. *Encyclopédie Universalis*. 2021. URL : https://www.universalis.fr/encyclopedie/aristote/.

Seidengart, Jean. *Encyclopédie Universalis*. 2021. URL : https://www.universalis.fr/encyclopedie/giordano-bruno/.

Verdet, Jean-Pierre. *Encyclopédie Universalis*. 2021. URL : https://www.universalis.fr/encyclopedie/nicolas-copernic/.

Chapitre 3

Carutti, Domenico. *Breve storia dell'Accademia dei Lincei*. Reale Accademia, 1883.

Bolelli, T. « Lingua e stile di Galileo ». In : *Nuovo Cimento* 5 (1955).

MORGHEN, R. « The Academy of the Lincei and Galileo Galilei ». In : *Cahiers d'Histoire Mondiale. Journal of World History* 7.1 (1962), p. 365-381.

FEYERABEND, Paul K. *Against Method : Outline of an Anarchistic Theory of Knowledge.* New Left Books, 1975.

BATTISTINI, Andrea. « Gli aculei ironici della lingua di Galileo ». In : *Lettere Italiane* 30.3 (1978), p. 289-332.

Enciclopedia Treccani. 2022. URL : https://www.treccani.it/enciclopedia/accademia-dei-lincei/.

Enciclopedia Treccani. 2022. URL : https://www.treccani.it/enciclopedia/giambattista-della-porta/.

Enciclopedia Treccani. 2022. URL : https://www.treccani.it/enciclopedia/galileo-galilei/.

Chapitre 4

COCHERIS, Hippolyte. « Table du Journal des Savants ». In : Paris : A. Durand, 1860. Chap. Histoire du Journal des Savants, p. I-XI.

LYONS, Henry. *The Royal Society. 1660–1940.* Cambridge University Press, 1944.

HALL, Marie Boas. *Henry Oldenburg : Shaping the Royal Society.* Oxford University Press, 2002.

SPIER, Ray. « The history of the peer-review process ». In : *Trends in Biotechnology* 20.8 (2002).

CHAPELLE, Francis H. « The History and Practice of Peer Review ». In : *Groundwater* 52 (2014).

MOXHAM, Noah. « Authors, Editors and Newsmongers : Form and Genre in the Philosophical Transactions under Henry Oldenburg ». In : sous la dir. de Joad RAYMOND et Noah MOXHAM. Brill, 2016.

TAN, Meng H. « Peer review – Past, Present and Future ». In : *Medical and Scientific Publishing : Author, Editor, and Reviewer Perspectives*. Sous la dir. de Jasna MARKOVAC, Molly KLEINMAN et Michael ENGLESBE. Elsevier Science Publishing, 2017, p. 55-68.

Enciclopedia Treccani. 2022. URL : https://www.treccani.it/enciclopedia/antoine-furetiere/.

HUNTER, Michael. *Encyclopaedia Britannica*. 24/01/2021. URL : https://www.britannica.com/topic/Royal-Society.

MORRILL, John S. et Maurice ASHLEY. *Encyclopaedia Britannica*. 30/08/2021. URL : https://www.britannica.com/biography/Oliver-Cromwell.

Chapitre 5

WOOD, Gordon S. et Theodore HORNBERGER. *Hurst, Harold Edwin and El-Kammash, Magdi M. and Smith, Charles Gordon*. 13/03/2022. URL : https://www.britannica.com/place/Nile-River.

FONTENELLE, Bernard de. *Entretiens sur la pluralité des mondes*. Sous la dir. de BnF GALLICA. Paris : Veuve C. Blageart, 1686.

PLUCHE, Noël-Antoine. *Le Spectacle de la nature, ou Entretiens sur les particularités de l'Histoire naturelle qui ont paru les plus propres à rendre les jeunes gens curieux et à leur former l'esprit*. Sous la dir. de BnF GALLICA. 1764-1770. T. Tome 1. 8 tomes en 9 vol. Partie 1. Paris : Les frères Estienne, 1686.

VOLTAIRE. *Elémens de la philosophie de Neuton*. Amsterdam : Etienne Ledet & Compagnie, 1738.

BAKER, Henry. *The microscope made easy*. London : R. Dodsley at Tully's Head in Pall Mall, 1743.

MICHELESSI, Domenico. *Memorie intorno alla vita ed agli scritti del conte Francesco Algarotti*. Venezia : Giambatista Pasquali, 1770.

ALGAROTTI, Francesco. *Dialoghi sopra l'ottica neutoniana*. Sous la dir. d'Ettore BONORA. Torino : Einaudi, 1977.

MORTUREUX, Marie-Françoise. *La formation et le fonctionnement d'un discours de la vulgarisation scientifique au XVIIIème siecle à travers l'oeuvre de Fontenelle*. Paris : Didier Erudition, 1983.

ARATO, Franco. « Intorno al "Newtonianismo". Quattro lettere inedite di Francesco Algarotti ». In : *Giornale Storico della Letteratura Italiana* 164.528 (1987), p. 556-569.

ARATO, Franco. « Il "secolo delle cose" : il Newtonianismo di Francesco Algarotti ». In : *Giornale Storico della Letteratura Italiana* (1990), p. 505.

GOVONI, Paola. *Un pubblico per la scienza. La divulgazione scientifica nell'Italia in formazione*. Roma : Carocci, 2002.

SALUCCI, Alessandro. « La metafora del libro della natura in Galileo Galilei ». In : *Angelicum* 83.2 (2006), p. 327-375.

CASTONGUAY-BÉLANGER, Joël. « À l'ombre de Fontenelle. Dissémination du discours scientifique par la fiction au XVIIIe siècle ». In : *Littératures classiques* 3.85 (2014), p. 171-187.

CAVAZZA, Marta. « La scienza al femminile ». In : *Il sapere scientifico in Italia nel secolo dei lumi*. Sous la dir. de G. SIRONI, A. CONTE et G. A. DANIELI. Istituto Veneto di Scienze, Lettere ed Arti, 2015.

Enciclopedia Treccani. 2022. URL : https://www.treccani.it/enciclopedia/francesco-algarotti/.

Encyclopédie Larousse. 2022. URL : https://www.larousse.fr/encyclopedie/personnage/sir_Isaac_Newton/135134.

KRAUSS, Werner. *Encyclopédie Universalis*. 2022. URL : https://www.universalis.fr/encyclopedie/bernard-de-fontenelle/.

WATSON, Richard A. *Encyclopaedia Britannica*. 27/03/2022. URL : https://www.britannica.com/biography/Rene-Descartes.

WESTFALL, Richard S. *Encyclopaedia Britannica*. 27/03/2022. URL : https://www.britannica.com/biography/Isaac-Newton.

Chapitre 6

WOOD, Gordon S. et Theodore HORNBERGER. *Encyclopaedia Britannica*. 13/01/2022. URL : https://www.britannica.com/biography/Benjamin-Franklin.

SAUNDERS, Richard. *Poor Richard, 1733. An Almanack*. Philadelphia : Benjamin Franklin, 1732.

Chambers' Edinburgh Journal I (1832-1833).

CHAMBERS, William. *Memoir of Robert Chambers*. New York : Charles Scribner, 1872.

— *Story of a Long and Busy Life*. Edinburgh et London : W. & R. Chambers, 1882.

FRANKLIN, Benjamin. *Autobiography*. London : Hutchinson & Co., 1903.

BLAGDEN, Cyprian. « The Distribution of Almanacks in the Second Half of the Seventeenth Century ». In : *Studies in Bibliography* 11 (1958), p. 107-116.

FELDBERG, Michael. « Knight's "Penny Magazine" and "Chambers's Edinburgh Journal" : A Problem in Writing Cultural History ». In : *Victorian Periodicals Newsletter* 1.3 (1968), p. 13-16.

BENNETT, Scott. « The Editorial Character and Readership of "The Penny Magazine" : An

Analysis ». In : *Victorian Periodicals Review* 17.4 (1984), p. 127-141.

Cuaz, Marco. « Almanacchi e "Cultura media" nell'Italia del Settecento ». In : *Studi Storici* 2 (1984), p. 353-361.

Anderson, Patricia J. « Pictures for the People : Knight's "Penny Magazine", an Early Venture into Popular Art Education ». In : *Studies in Art Education* 28.3 (1987), p. 133-140.

Govoni, Paola. *Un pubblico per la scienza. La divulgazione scientifica nell'Italia in formazione.* Roma : Carocci, 2002.

Armand, Guilhem. « Le spectacle de la nature ou l'esthétique de la révélation ». In : *Société Française d'Étude du Dix-Huitième Siècle* 1.45 (2013), p. 329-345.

Kaspi, André. *Encyclopédie Universalis.* 2021. URL : www . universalis . fr / encyclopedie / benjamin - franklin/.

Favier, Jean. *Encyclopédie Universalis.* 2022. URL : https : / / www . universalis . fr / encyclopedie / almanach/.

Chapitre 7

Paley, William. *Natural Theology, or Evidences of the Existence and Attributes of the Deity.* London : R. Faulder, 1802.

Vestiges of the Natural History of Creation. London : John Churchill, 1844.

WHEWELL, William. *Indications of the Creator.* John W. Parker, 1845.

DARWIN, Charles. *On the Origin of Species by Means of Natural Selection.* London. John Murray, 1859.

HUXLEY, Thomas Henry. « Darwin on the origin of species ». In : *The Times* darwin-online.org.uk (1859), p. 8-9.

G., W. S. « The British Association at Oxford ». In : *Bentley's Miscellany* 48 (1860), p. 283-301.

WILBERFORCE, Samuel. « Review of *On the origin of species, by means of natural selection* by Charles Darwin ». In : *Quarterly Review 108* : . darwin-online.org.uk.108 (1860), p. 225-264.

BLINDERMAN, Charles S. « The Oxford debate and after ». In : *Notes and Queries* (1957), p. 126-128.

LUCAS, J. R. « Wilberforce and Huxley : A Legendary Encounter ». In : *The Historical Journal* 22.2 (1979), p. 313-330.

JENSEN, J. Vernon. « Return to the Wilberforce-Huxley Debate ». In : *The British Journal for the History of Science* 21.2 (1988), p. 161-179.

SCHWARTZ, Joel S. « Darwin, Wallace, and Huxley, and "Vestiges of the Natural History of Creation" ». In : *Journal of the History of Biology* 23.1 (1990), p. 127-153.

CAUDILL, Edward. « The Press and Tails of Darwin : Victorian Satire of Evolution ». In : *Journalism History;* 20.3 (1994), p. 107-115.

FARA, Patricia. « Pictures of Charles Darwin ». In : *Endeavour* 24.4 (2000).

SECORD, James A. *Victorian Sensation : The Extraordinary Publication, Reception, and Secret Authorship of Vestiges of the Natural History of Creation.* Chicago et London : The University of Chicago Press, 2000.

BROWNE, Janet. « Darwin in Caricature : A Study in the Popularisation and Dissemination of Evolution ». In : *Proceedings of the American Philosophical Society* 145.4 (2001), p. 496-509.

– « Charles Darwin as a Celebrity ». In : *Science in Context* 16.1/2 (2003), p. 175-194.

CASINI, Paolo. *Darwin e la disputa sulla creazione.* Bologna : Il Mulino, 2009.

GREGORY, T. Ryan. « The Argument from Design : A Guided Tour of William Paley's *Natural Theology* ». In : *Springer Science* (2009).

DEBRAS, Camille. « À quel(s) public(s) s'adresse Darwin ? L'Origine des Espèces, entre ouvrage scientifique, œuvre littéraire, et texte de vulgarisation ». In : *Cahiers victoriens et édouardiens* 71 (2010).

KAALUND, Nanna Katrine Lüders. « Oxford Serialized : Revisiting the Huxley-Wilberforce debate through the periodical press ». In : *History of Science* 52.4 (2014), p. 429-453.

SHAFE, Laurence. « An Exploration of Darwin's Beard ». In : *Victorian Review* 41.2 (2015), p. 24-27.

COLL, Fiona et Jennifer ESMAIL. « "I Wonder What a Chimpanzee Would Say to This?" : Speaking Apes in Late-Victorian Culture ». In : *Victorian Review* 46.2 (2020), p. 255-275.

DARWIN, Charles. *Darwin Correspondence Project.* URL : www.darwinproject.ac.uk.

Chapitre 8

LESSONA, Michele. *Conversazioni scientifiche.* Emilio Treves, 1869.

Nature. A weekly illustrated journal of science I (1869-1870).

La Nature revue des sciences et de leurs applications. I (1873).

La Natura, rivista delle scienze e delle loro applicazioni alle industrie e alle arti I (1884).

MACMILLAN, Alexander. *Letters of Alexander Macmillan.* Sous la dir. de George A. MACMILLAN. Glasgow : Robert Maclehose, 1908.

ROSS, Sydney. « Scientist : The story of a word ». In : *Annals of Science* 18.2 (1962), p. 65-85.

LOPEZ, Guido. « Infanzia e giovinezza di un grande editore : Emilio Treves ». In : *La Rassegna Mensile di Israel* 36 (1970), p. 213-231.

BENSAUDE-VINCENT, Bernadette. « Un public pour la science : l'essor de la vulgarisation au XIXe siècle ». In : *Réseaux* 58 (1993).

GOVONI, Paola. *Un pubblico per la scienza. La divulgazione scientifica nell'Italia in formazione.* Roma : Carocci, 2002.

BENSAUDE-VINCENT, Bernadette. « Splendeur et décadence de la vulgarisation scientifique ». In : *Les cultures des sciences en Europe* 17 (2010), p. 19-32.

GARBARINO, Carla et Paolo MAZZARELLO. « A strange horn between Paolo Mantegazza and Charles Darwin ». In : *Elsevier* (2013).

BALDWIN, Melinda. *Making "Nature". The History of a Scientific Journal.* The University of Chicago Press, 2015.

Crédits pour les images

Fig. 2.1 : Nicolai Copernici Torinensis, *De revolutionibus orbium coelestium libri VI.* Polona (Public Domain)

Fig. 4.1 : *The Royal Society : Coat of Arms.* Wellcome Collection (CC-BY 4.0) https://www.europeana.eu/en/item/9200579/fttqha6d

Fig. 6.2 : Franklin, Benjamin, *Poor Richard's improved almanack.* Gettysburg College on archive.org (Public Domain)

Fig. 4.3 : Title page to volume 1 of *Philosophical Transactions* (1665-1666) from the archive of the Royal Society. Wikimedia Commons (CC-BY 4.0)

Fig. 5.2 : Oeuvres diverses de M. de Fontenelle, Nouvelle édition augmentée. Dialogues des morts. Jugement de Pluton. Entretiens sur la pluralité des mondes. Histoire des oracles. Oeuvres mêlées by Fontenelle,

Bernard de (1657-1757). Auteur du texte. National Library of France, France (No Copyright. Other Known Legal Restrictions)

https://www.europeana.eu/en/item/9200520/12148_bpt6k15236992

Fig. 5.3 : *Il Newtonianismo per le dame, ovvero dialoghi sopra la luce e i colori.* Wellcome Library on archive.org (Public Domain)

Fig. 5.4 : Voltaire, *Elémens de la philosophie de Neuton,* EPFL Library on archive.org (Public Domain)

Fig. 5.5 : Voltaire, *Elémens de la philosophie de Neuton,* EPFL Library on archive.org (Public Domain)

Fig. 5.8 : Baker, Henry. *The Microscope Made Easy,* Science History Institute (Public Domain)

https://digital.sciencehistory.org/works/gkw2jwq

Fig. 6.1 : *Poor Richard. An Almanack.* 1849. Photograph. Retrieved from the Library of Congress (No known restrictions on publication)

https://www.loc.gov/item/2005692067/

Fig. 6.3 : *Chambers' Edinburgh journal,* conducted by William Chambers. HathiTrust (Public Domain)

Fig. 6.4 : *The Penny Magazine* of the Society for the Diffusion of Useful Knowledge. Wellcome Collection (Public Domain)

Fig. 7.2 : *Punch*, 18 May 1861, 'Monkeyana'. Wellcome Collection (CC BY 4.0)

Fig. 7.3 : *Punch*, 25 May 1861, 'The Lion of the Season'. Wellcome Collection (CC BY 4.0)

Fig. 8.1 : First title page of the scientific journal *Nature*, November 4, 1869. Wikimedia Commons (Public Domain)

Fig. 8.4 : *La Nature revue des sciences et de leurs applications.* Vol. 4 (Dec. 1875 – Nov. 1876). HathiTrust (Public Domain. Digitized by Google)

Fig. 8.7 : *La natura, rivista delle scienze e delle loro applicazioni alle industrie e alle arti.* Biblioteca Nazionale Centrale di Roma. Play Books (Digitized by Google)

Notes

Notes

Notes

Notes

Notes

Notes

Vous avez aimé ce livre ?
N'oubliez pas de laisser un commentaire.

www.ingramcontent.com/pod-product-compliance
Lightning Source LLC
Chambersburg PA
CBHW052343220526
45465CB00003BA/938